GREAT EXPLORERS

伟大的探险家

[英]汉娜·韦斯特莱克——编著
骆忠武——译

中国画报出版社·北京

图书在版编目（CIP）数据

伟大的探险家 / (英) 汉娜 · 韦斯特莱克编著；骆忠武译. -- 北京：中国画报出版社, 2020.8（2024.4重印）

（萤火虫书系）

书名原文: All About History：Book of Great Explorers

ISBN 978-7-5146-1907-2

Ⅰ. ①伟… Ⅱ. ①汉… ②骆… Ⅲ. ①探险－世界－普及读物 Ⅳ. ①N81-49

中国版本图书馆CIP数据核字(2020)第036417号

伟大的探险家

[英] 汉娜 · 韦斯特莱克 编著　骆忠武 译

出 版 人：于九涛
选题策划：赵清清
责任编辑：郭翠青
责任印制：焦　洋
营销主管：穆　爽

出版发行：中国画报出版社
地　　址：中国北京市海淀区车公庄西路33号　邮编：100048
发 行 部：010-68469781　010-68414683（传真）
总编室兼传真：010-88417359　版权部：010-88417359

开　　本：16开（787mm × 1092mm）
印　　张：15
字　　数：300千字
版　　次：2020年8月第1版　2024年4月第6次印刷
印　　刷：北京汇瑞嘉合文化发展有限公司
书　　号：ISBN 978-7-5146-1907-2
定　　价：70.00元

《伟大的探险家》

古代航海家在没有现代技术的帮助下如何成功跨越边界？探索发现时代的欧洲水手如何发现了新航线？现代探险家又是如何征服太空、登上月球的？

本书深入挖掘了历史上伟大的探险家的故事，讲述了他们非凡的成就，甚至他们的失败。让我们跟随他们的脚步，去发现海洋、探秘陆地、攀登珠峰、探索星球……

目录

6 10次不可思议的探险

古代航海家

29 失落的维京王国
47 马可·波罗的中国之旅
60 丝绸之路商人
62 穆罕默德·伊本·巴图塔
70 中国宝船船队的七次航行

探索发现时代

76 “航海者”亨利
85 克里斯托弗·哥伦布
96 瓦斯科·达·伽马
102 瓦斯科·努涅斯·德·巴尔博亚
108 胡安·庞斯·德莱昂
112 埃尔南·科尔特斯
118 探索发现时代的勇士
120 费迪南德·麦哲伦
127 伊丽莎白宠信的海盗是如何偷走都铎帝国的？
138 都铎之旅

142 维他斯·白令

146 澳大利亚是如何被发现的？

156 新西兰之旅

166 库克船长

172 发现美国西部

180 “小猎犬号”航海记

188 富兰克林探险悲剧

195 大卫·利文斯通

200 约翰·汉宁·斯派克

最后的未开拓领域

206 南极探险竞赛

216 穿越西北航道

218 征服珠穆朗玛峰

228 尤里·加加林

234 尼尔·阿姆斯特朗

240 图片所属

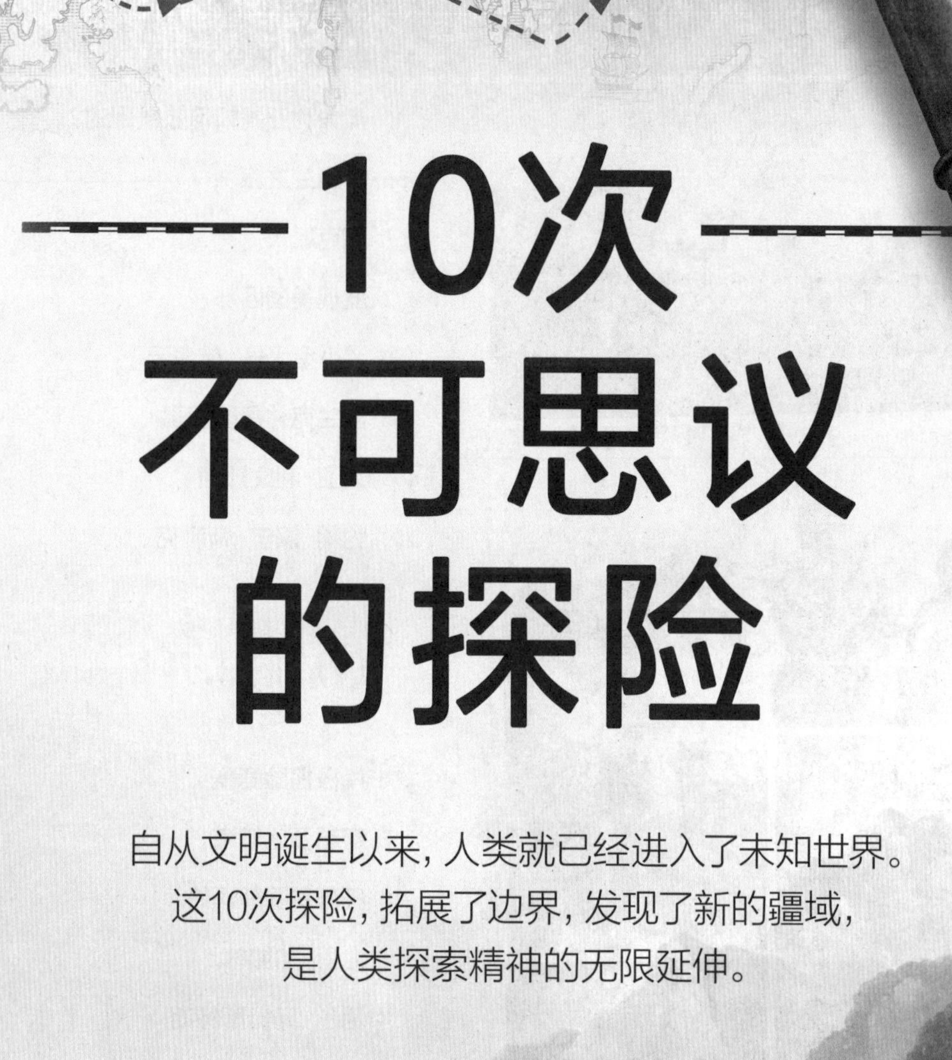

10次不可思议的探险

自从文明诞生以来，人类就已经进入了未知世界。
这10次探险，拓展了边界，发现了新的疆域，
是人类探索精神的无限延伸。

詹姆斯·库克首次航行

1768—1771

太平洋南部

▲ 詹姆斯·库克被提升为中尉，以确保他有足够的权威指挥这次探险活动

詹姆斯·库克（James Cook）受英国国王乔治三世（George III）的委托，寻找未知的南部大陆（南极洲），并绘制金星凌日路线图。1768年夏天，他登上了自己的船只“奋进号”（HMS Endeavour），从普利茅斯（Plymouth）扬帆启航。这是库克三次太平洋航行中的第一次。

库克横渡大西洋，绕过南美洲最南端的合恩角（Cape Horn），到达塔希提岛（Tahiti）。在那里，他对金星的运动进行了观测。然后，他又向南驶入未知的水域，代表英国对几个小岛宣示了主权，并于1769年9月在新西兰登陆。1642年，荷兰探险家阿贝尔·塔斯曼（Abel Tasman）首次抵达新西兰，库克探险队则是第二支抵达新西兰的欧洲探险队。

库克对新西兰海岸线进行了为期六个月的测绘，然后他继续前往澳大利亚，并成为第一个到达澳大利亚东海岸的欧洲人。他们首先在希克斯角（Point Hicks）登陆，然后又在植物学湾（Botany Bay）上岸。库克沿着澳大利亚海岸线向北航行，“奋进号”在大堡礁（Great Barrier Reef）一处浅滩触礁受损，船队侥幸逃脱沉船的命运。1771年3月，库克船队绕过好望角（Cape of Good Hope）返航，于7月12日抵达英国的迪尔港（Port of Deal）。第一次太平洋之旅历时35个月。

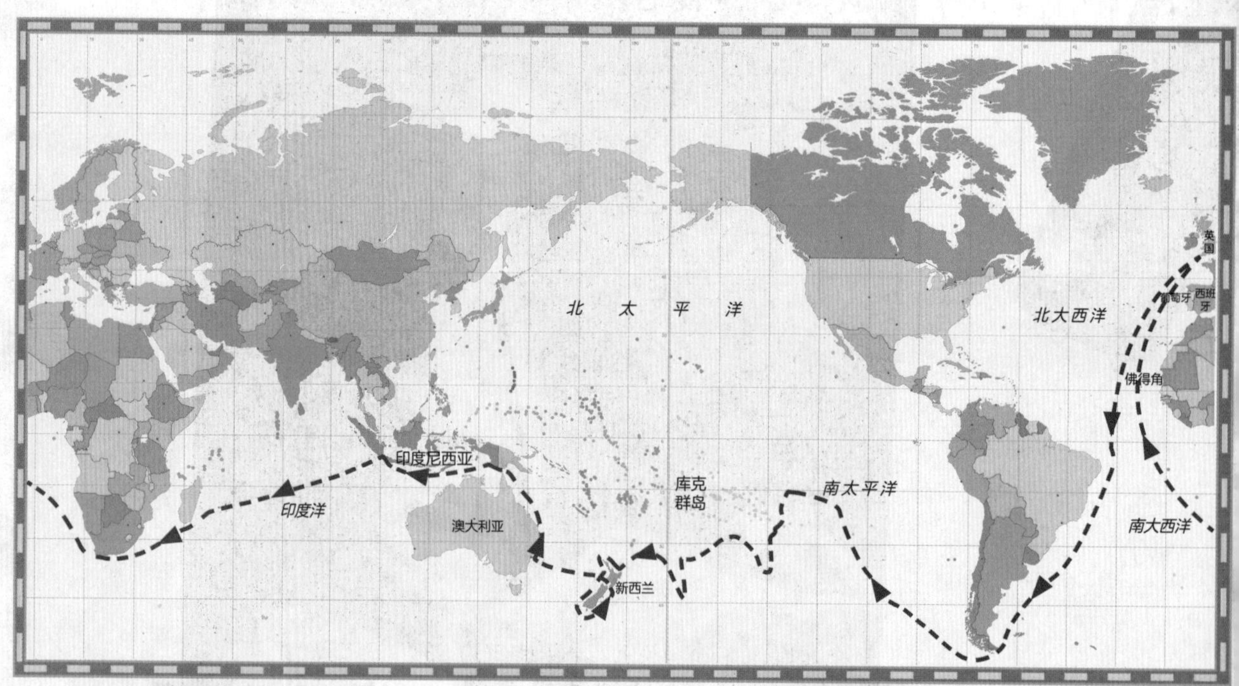

▲ 库克和他的船员是第一批有记录的访问澳大利亚东海岸的欧洲人

莱夫·埃里克森建立文兰

1000

在北美文兰岛建立北欧殖民地

莱夫·埃里克森（Leif Erikson）是维京人（Viking，又称北欧海盗）探险家埃里克（红人）（Erik the Red）的儿子。埃里克森于999年从格陵兰岛驶向挪威，首先在赫布里底群岛（Hebrides）登陆，并在那里逗留了几个月。到达挪威后，挪威国王奥拉夫一世·特瑞格瓦森（Olaf I Tryggvason）让埃里克森皈依基督教，并命令他返回格陵兰岛，在那里传教布道。

关于埃里克森随后航行的故事有着不同的版本。第一个版本是，他偏离了航线，无意中在北美登陆。第二个版本是，埃里克森从冰岛探险家、商人比亚德尼·埃尔朱尔弗森（Bjarni Herjulfsson）的口头描述中得知，格陵兰岛以东有一片广阔的土地，埃尔朱尔弗森在14年前的一场暴风雨中被吹离航线，看到了北美洲，但他没有上岸。这一个版本也许更为可信。

大约在1000年左右，埃里克森率领35名船员从格陵兰岛南部向北航行，然后沿着巴芬岛（Baffin Island）海岸向南航行。他们首先在巴芬岛南部海岸登陆，然后继续前往拉布拉多（Labrador），最终到达了一个被他称为文兰（Vinland）的地方，因为那里野生葡萄藤随处可见（Vinland即Land of Vines：葡萄藤之地）。学者们对文兰岛的确切位置一直存在争议，它可能位于纽芬兰岛（Newfoundland）南部海岸的某个地方，20世纪60年代对这一地区进行的考古发掘证实了11世纪维京人定居点的存在。

埃里克森被公认为第一个发现新大陆的欧洲人，他于1002年春天返回格陵兰岛，后于1020年去世。

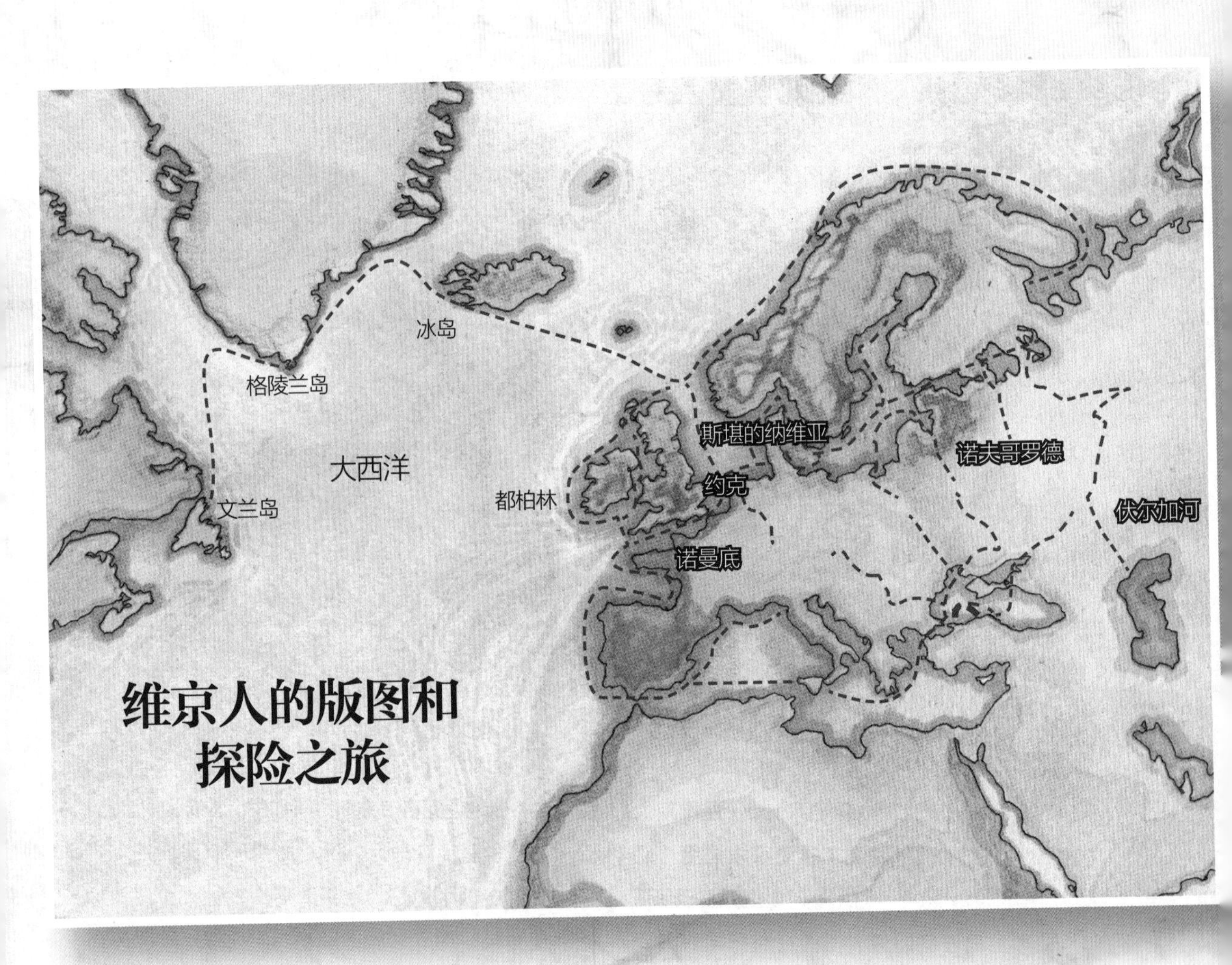

斯科特和阿蒙森南极探险竞赛

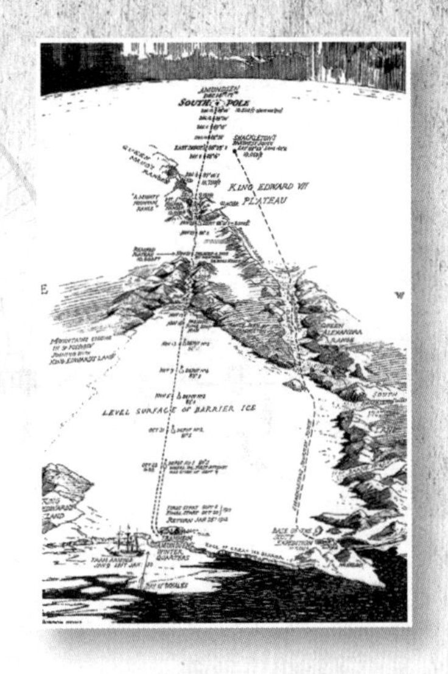

1911–1912

南极洲 南极

“请允许我通知您——前往南极。阿蒙森。”当英国冒险家罗伯特·福尔肯·斯科特（Roert Falcon Scott）收到挪威探险家罗尔德·阿蒙森（Roald Amundsen）的信函时，他意识到这场竞赛已经开始了。竞赛目的地是南极，这也许是地球探索的最后一个伟大目标。

1910年10月，北极已经被人捷足先登，所以阿蒙森便把探险目标改成了南极。他不动声色，一开始并没有告诉他的赞助商和他的船员。英国皇家海军军官斯科特也收到对该地区进行一次科学考察的命令，他宣布他将“到达南极，让大英帝国因这一成就而获得荣誉”。阿蒙森的信函到达时，斯科特正在澳大利亚做准备工作。

当双方到达南极洲时，报纸都在报道这次“南极竞赛”。阿蒙森在鲸鱼湾（Bay of Whales）建立了他的大本营，比位于麦克默多湾（McMurdo Sound）的斯科特离南极近60英里①。1911年9月，当天气条件变得足够有利时，39岁的阿蒙森率先出发，向南极前进。然而，极端的温度又迫使他返回驻地。10月20日，阿蒙森再次出发。斯科特随后于10月24日也启程前往南极。

阿蒙森探险队使用滑雪板和狗拉雪橇队，进展神速，每天行驶超过20英里。这群挪威人找到了一条未开发的路线，他们穿过阿克塞尔海伯格冰川（Axel Heiberg Glacier）和极地高原（Polar Plateau），于12月14日抵达南极。他们在那儿抽雪茄，升挪威国旗并拍照留念。短暂停留几天后，他们离开了南极。

斯科特探险队出发时带上了几匹小矮马和几只雪橇狗，还有一些电动雪橇。后来，电动雪橇出了故障，小矮马也被射杀了，因为它们的身体越来越虚弱。探险队沿着这条险恶的路线人力搬运雪橇，耗费了许多精力。1912年1月17日，在阿蒙森团队到达南极34天后，斯科特团队也抵达了南极。他们发现了挪威人阿蒙森的营地。斯科特垂头丧气地待了一会儿，随即带领团队踏上了返回的旅程。

夏末的南极冷得让人难以置信，斯科特和另外四位同伴在返回途中丧生。因为他们的英勇努力，斯科特和他的同伴们成了英国的英雄，而阿蒙森则获得了全世界的赞誉。

---

① 1英里≈1.609千米。

克里斯托弗·哥伦布到达美洲

1492—1493

西印度群岛和加勒比海探险之旅

克里斯托弗·哥伦布（Christopher Columbus）1452年出生于意大利。他深信，从欧洲向西航行将会发现通往亚洲的通道，而不必经过陆路穿越中东，历经艰难跋涉才能到达富庶之地。哥伦布向葡萄牙和英国的君主寻求赞助，但都遭到了断然拒绝。然而，到了1491年，他得到了西班牙国王费迪南德（King Ferdinand）和王后伊莎贝拉（Queen Isabella）的赞助。这三位都是虔诚的天主教徒。他们希望哥伦布能从东方带回黄金、白银、香料和其他奢侈品，同时也希望他可以在东方传教布道。

1492年8月3日，哥伦布带领三艘船只从西班牙帕洛斯港（Palos）扬帆启航，它们分别为“圣玛丽亚号”、“尼娜号”和“平塔号”。9月初，小船队临时停靠加那利群岛（Canary Islands）进行补给，这次航行的时间比预期要长。

10月12日，一位瞭望员终于发现了陆地。然而，哥伦布踏上的并非亚洲大陆，而是东加勒比海的巴哈马群岛（Bahamas）。

原始航海日志已经遗失了，但在一份真实可信的重写本中可以找到这样的叙述：“三艘船顶着风停了下来，等待黎明的到来。星期五，他们到达了卢卡约（Lucayos）的一个小岛……

很快，他们看到了一群赤身裸体的岛民……海军上将哥伦布采取皇家的礼仪标准，船长们举着两幅绿色十字旗紧随其后……登陆后他们发现，那里树木郁郁葱葱，淡水充足，还有各种各样的水果。”

哥伦布以为自己登上了印度的海岸，就把当地人称为“印第安人”（Indians）。尽管这片土地草木繁茂，可是哥伦布不得不继续寻找亚洲大陆，但一切都是徒劳。他们的船只经过了一个又一个岛屿，哥伦布并没有发现能够点燃他心中希望的东西。

到了年底，哥伦布已经探索了古巴北部海岸，到达了伊斯帕尼奥拉岛（Hispaniola）。圣诞节那天，“圣玛丽亚号”搁浅了，他们不得不放弃搁浅的船只继续前行。在对伊斯帕尼奥拉岛的进一步探索中，探险队遇到了充满敌意的土著人，随后他们之间发生了短暂的小冲突。尽管如此，哥伦布还是留下40人建立了一个定居点，但遗憾的是，后来这个定居点也被土著人摧毁了。

在一场暴风雨中，“尼娜号”与“平塔号”走散了。1493年1月，哥伦布乘坐“尼娜号”踏上了返回西班牙的航程。这位失望的探险家在亚速尔群岛（Azores）和葡萄牙稍作停留，于1493年3月14日抵达巴罗斯港。同年晚些时候，他再次启程回到新大陆，并于1498年和1502年两次重返新大陆。尽管哥伦布未能实现开辟贸易路线的目标，但他激发了人们进一步探索美洲的兴趣，并且产生了深远的影响。

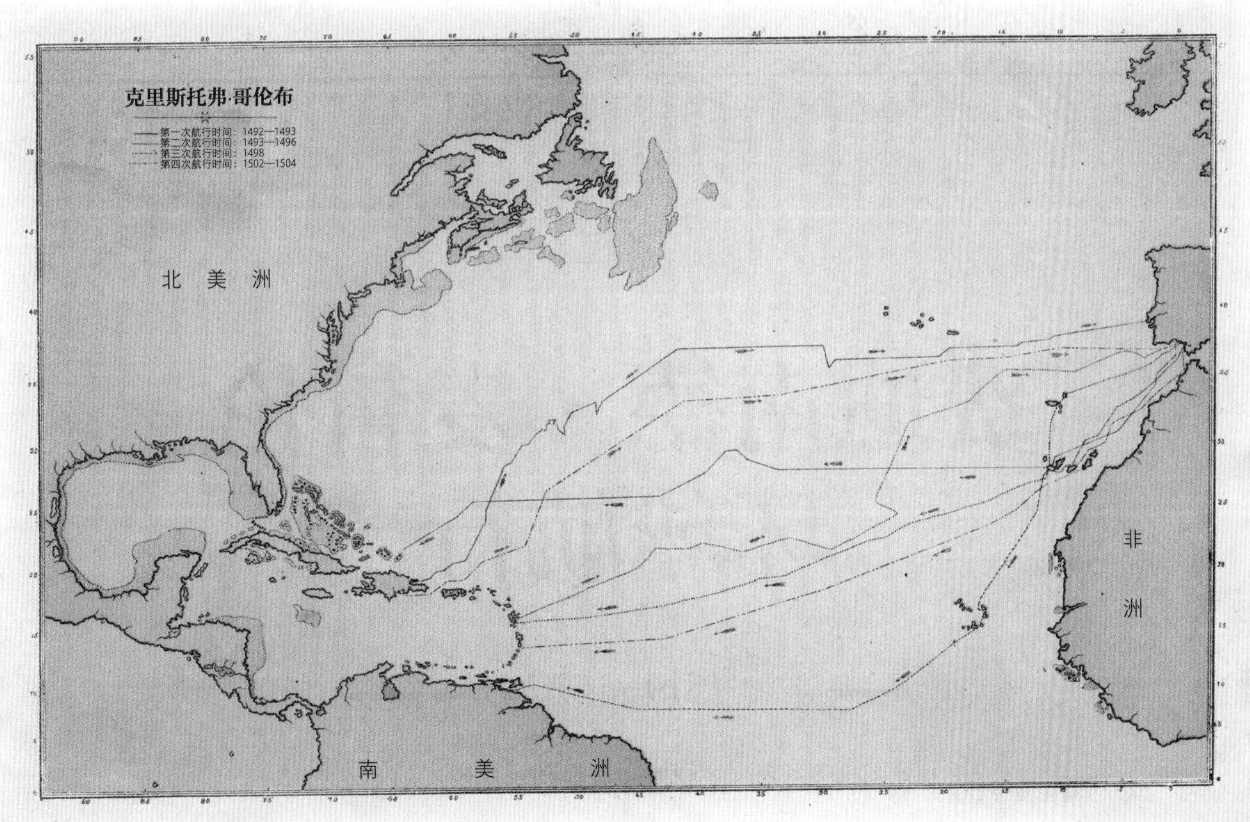

▲ 发现美洲可能并非哥伦布最初的目标，但他的发现确实意义深远

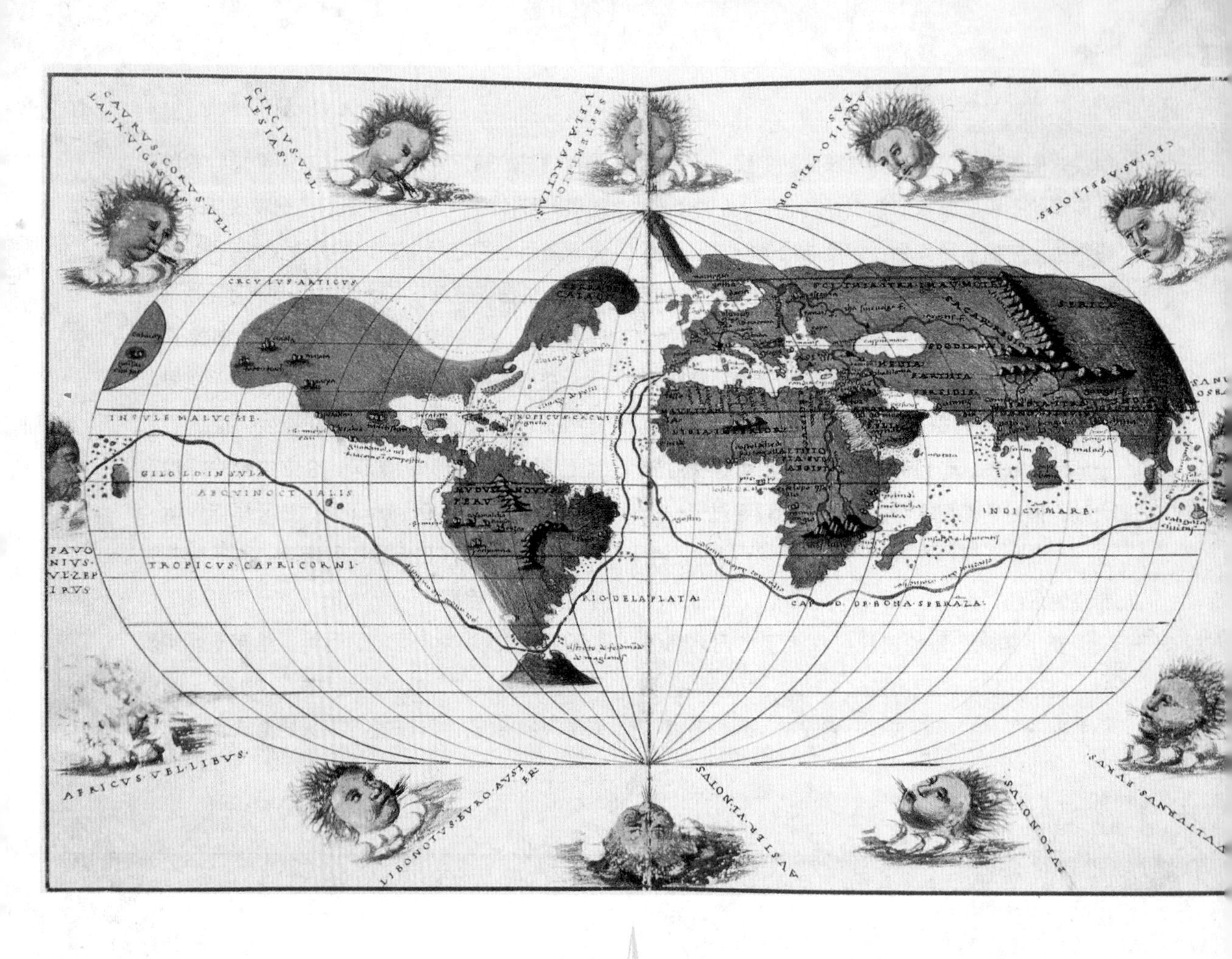

费迪南德·麦哲伦环球航行

1519—1522

环球航行

费迪南德·麦哲伦（Ferdinand Magellan）得到西班牙国王查尔斯一世（King Charles I）的资助，开启了向西航行的旅程，他也因此被其祖国葡萄牙视为叛徒。麦哲伦此次航行是要寻找一条通往东印度群岛（East Indies）的海上航线。东印度群岛当时被称为香料岛（Spice Islands），盛产名贵香料。欧洲人对香料一直垂涎欲滴，认为香料可以治病，可以当作调料，还可以防腐。

1519年9月20日，麦哲伦率领由5艘船只、270名船员组成的探险船队，从西班牙的桑卢卡尔·德巴拉梅达（Sanlucar de Barrameda）出发，一路向西航行。船队横渡大西洋前往巴西，并于12月13日抵达巴西里约热内卢湾（Rio de Janeiro），然后他们绕过南美海岸，穿过里约德拉普拉塔河（Rio de la Plata）河口，试图寻找一条大陆以外的海洋通道。

1520年复活节，两名西班牙船长发动叛乱，麦哲伦成功平息了这次叛乱。一名船长被当场处决，另一名船长在船队向南航行途中被放逐孤岛。10月份，麦哲伦终于找到了一条通道，这就是后来以麦哲伦的名字命名的海峡——麦哲伦海峡（Strait of Magellan），船队经过38天的艰难航行才穿过麦哲伦海峡。

麦哲伦是第一位看到麦哲伦海峡外浩瀚水域的欧洲探险家，眼前是一片平静的海面，因此他将这片海域命名为“平静的海洋”（Mar Pacifico），即太平洋。麦哲伦预计经过短途航行就能穿过这片平静的海面。但实际花费的时间比预计的要长得多。船员们患上了坏血病，食品储备也消耗殆尽。最后，探险队于1521年3月6日抵达关岛（Guam）。

麦哲伦随后前往菲律宾，抵达距离香料群岛约400英里的宿务（Cebu）。麦哲伦受到当地酋长的欢迎，并成功让酋长皈依了基督教。该部落与邻近部落发生冲突，在麦克坦岛（Mactan）上展开战斗，酋长说服麦哲伦在战斗中向他们施以援手。结果，麦哲伦不幸被毒箭射中，于1521年4月27日客死他乡。

幸存的船员继续前进，并于1521年11月8日抵达摩鹿加群岛（Moluccas）。把剩下的两艘船只装满香料之后，探险队继续向帝汶（Timor）前进。不知什么原因，两艘船在途中分开了，一艘船往西，另一艘船往东，往东航行的船只后来不知所终。

孤独的“维多利亚号”绕过好望角，在领航员胡安·塞巴兹蒂安·德埃尔卡诺（Juan Sebastian de Elcano）的指挥下，于1522年9月6日回到桑卢卡尔·德巴拉梅达，只有18名探险队成员幸存下来。

麦哲伦被认为是环球航行第一人。然而，去香料岛的路线备受争议。尽管如此，他还是为进一步的探险开辟了一片广阔的区域，并证明了地球比人们之前认为的要大得多。

马可·波罗的中国之旅

1271–1295

蒙古帝国和东亚之旅

西方历史上最著名的旅行家也许非马可·波罗（Marco Polo）莫属。他出生于威尼斯贵族家庭，旅行了24年，成为忽必烈的亲信。马可·波罗将他的经历记录在一本举世闻名的著作中——《马可·波罗游记》（*The Travels*）。

马可·波罗大约17岁时开始了他的旅行。他和父亲尼科洛（Niccolo）及叔叔马菲奥·波罗（Maffeo Polo）一起，长途跋涉数千英里，其中大部分路程都是沿着著名的东西方贸易路线——丝绸之路（Silk Road）。他的父亲和叔叔此前已经到过中国，并以忽必烈使者的身份回国。

马可·波罗出生于1254年，那时候，他的父亲还远在东方。尼科洛1269年才返回意大利，直到此时，父子二人才第一次见面。两年后，他和父亲、叔叔从威尼斯出发，前往今天的以色列阿克里（Acre）。他们访问了耶路撒冷（Jerusalem），又从教皇格里高利十世（Pope Gregory X）那里购买了圣油，准备作为礼物送给忽必烈大汗。

他们继续前行，前往波斯的霍尔木兹（Hormuz），打算从那里乘船继续他们的旅程。然而，他们对船只没有信心，马可记得“（那些小船）只是用印度坚果壳制成的麻线缝合在一起，真是惨不忍睹……”。于是，他们决定走陆路。

1275年，他们来到了忽必烈位于上都的避暑山庄，并受到了热烈欢迎。尼科洛向忽必烈介绍了马可，可汗拥抱了这位年轻人，并把他带到了首都北京的皇宫。后来，马可很可能在那里担任了税收官员。他周游中国各地，并被任命为驻缅甸（Myanmar）特使。

在中国停留多年后，这几位威尼斯人乘船离开，在苏门答腊岛（Sumatra）稍作停留，于1294年到达波斯（Persia）。九个月后，他们继续返乡之旅，途经君士坦丁堡

（Constantinople）和希腊，并于一年后抵达威尼斯。

当时，威尼斯正与敌对城邦热那亚（Genoa）交战，马可·波罗在战斗中被俘。在监狱里，他向狱友鲁思梯谦（Rustichello）口述了他的旅行记录。故事完成于1298年，初次出版时，书名叫《世界之描述》（*Description Of The World*）。在这本书中，马可·波罗提到了东方的风俗习惯，以及纸币和眼镜等创新发明。

但是，中国没有记录提及马可·波罗，因此一些持怀疑论者怀疑这些故事是否完全真实。但这位威尼斯旅行者大部分的揭秘都得到了证实。马可·波罗的故事激励着其他人去探索未知世界，他仍然是探险家们的偶像。

◀ 马可·波罗的冒险经历激励了许多探险家追随他的脚步

瓦斯科·达伽马经海路到达印度

1497—1499

从欧洲经大西洋和印度洋到达印度

1497年7月8日，葡萄牙贵族瓦斯科·达伽马从里斯本（Lisbon）启航，寻找从欧洲到印度的海上航线。他的探险之旅对葡萄牙经济至关重要，因为东地中海（Eastern Mediterranean）和中东的大部分地区当时处于敌对的阿拉伯帝国控制之下，使得陆路贸易路线危险重重。

达伽马受国王曼努埃尔一世（King Manuel I）的委托，率领四艘船、大约200人踏上了探险之旅。探险船队在加那利群岛和佛得角群岛（Cape Verde）附近沿着一条已知的航线航行到西非，然后冒险进入远海，结果赶上了十年前葡萄牙探险家巴托洛梅乌·迪亚斯（Bartolomeu Dias）发现的强烈西风。1497年12月，达伽马绕过好望角，并于第二年春天到达东非。在那里，他访问了今天的莫桑比克（Mozambique）和肯尼亚（Kenya），但当地的穆斯林对这群欧洲人并不友好。

达伽马一行被迫逃离莫桑比克，他们一边驶离港口，一边发射大炮。因为补给不足，他们充当起了海盗，一遇到穆斯林商船就强取豪夺，获取补给。

在肯尼亚港口城市马林迪（Malindi），达伽马遇到了印度商人，他们向达伽马描述了通往次大陆的海上路线。达伽马雇用了一位熟悉航线的印度航海家。探险船队越过印度洋，于1498年5月20日抵达印度南部的卡利卡特港（Port of Calicut）。他们成为第一批成功完成海上旅程到达印度的欧洲人，同时也比以往任何一次探险都航行得更远。

虽然到达印度，但达伽马却未能与印度民众建立良好关系，也没有缔结贸易协定，探险船队于1498年8月29日起航回国。他们横渡印度洋，经过132天艰苦的航行，到达了马林迪。达伽马船队里有一半人死于坏血病，1499年3月，当他们驶离好望角时，只剩下了两艘船。后来，这两艘船也走散了。但幸运的是，它们都在当年夏天回到了葡萄牙。

达伽马的哥哥保罗病入膏肓，达伽马决定和他一起留在佛得角群岛。保罗死后，达伽马将他埋葬在亚速尔群岛，并最终于1499年8月29日返回里斯本。

尽管达伽马没有达成贸易协定，但他的航行促进了葡萄牙未来的远征探险，并与印度和东方建立了有利可图的贸易。此外，他的探险也为多元文化主义的扩张和持续的探索发现之旅铺平了道路。

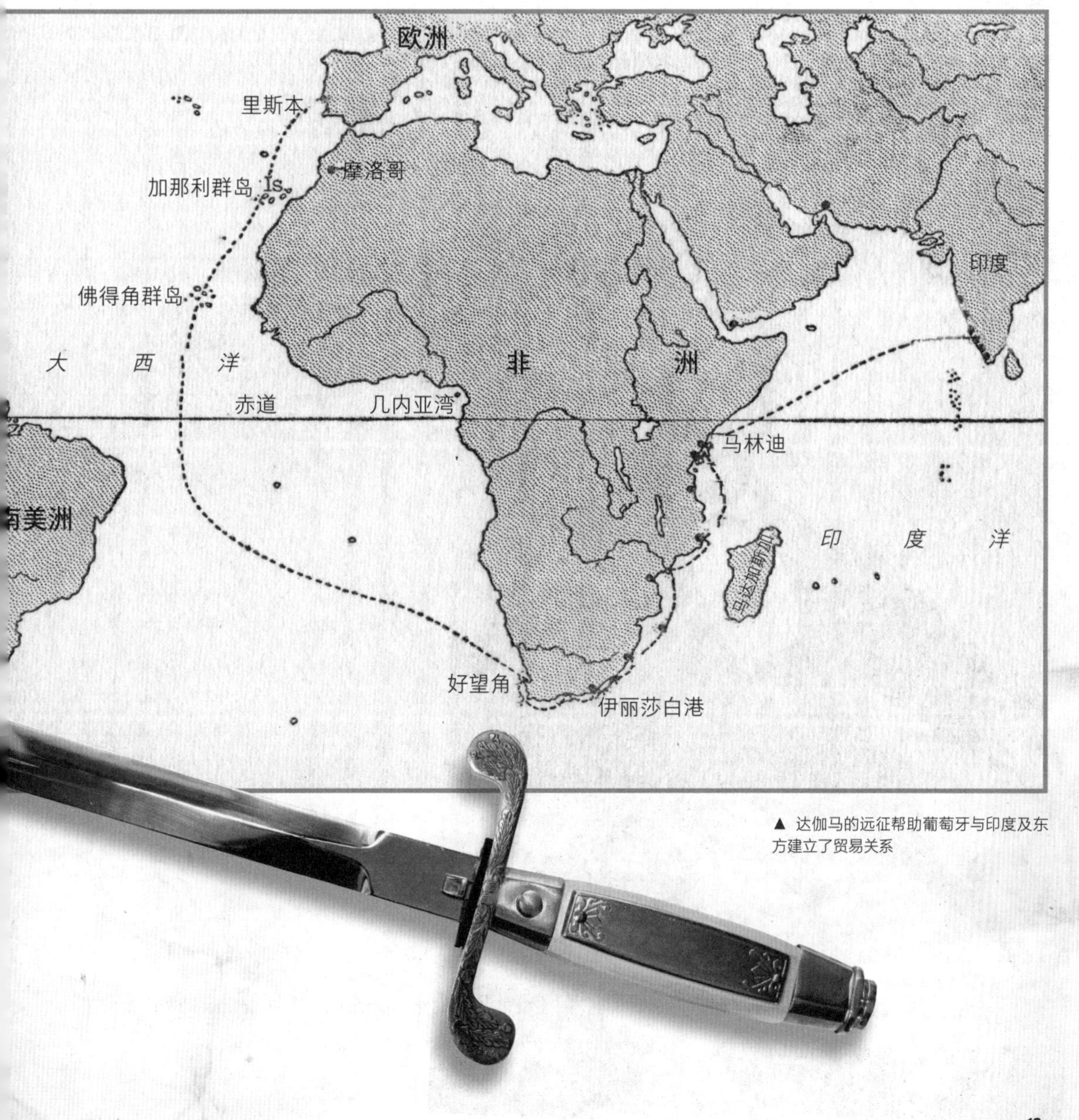

▲ 达伽马的远征帮助葡萄牙与印度及东方建立了贸易关系

大卫·利文斯通
试图发现尼罗河的源头

1849—1873

非洲内陆的探险

▼利文斯通热衷于探险，一心想传播基督教

利文斯通发现的非洲中南部轮廓图

“我想您就是利文斯通医生吧？”被派去寻找基督教传教士、探险家大卫·利文斯通（David Livingstone）的记者亨利·斯坦利（Henry Stanley）问道。当两人在1871年秋季相遇时，利文斯通已经因探索非洲内陆而闻名于世。

他的探险之旅断断续续，持续时间超过24年，而最后一次探险是在1866年开始的，其目的之一是确定尼罗河（River Nile）的源头。

利文斯通出生于苏格兰，是一名医生，于1841年首次来到非洲。他的第一次探险是在到达非洲八年之后进行的，这位坚定的反奴隶制传教士穿越了卡拉哈里沙漠（Kalahari Desert），发现了恩加米湖（Lake Ngami），并于1851年看到了赞比西河（Zambezi River）。第二次探险开始于1852年，利文斯通在接下来的四年里从东到西穿越了非洲大陆的南部。他探索了赞比西河上游，发现了一个令人叹为观止的瀑布。为了纪念维多利亚女王（Queen Victoria），他将这条瀑布命名为“维多利亚瀑布”（Victoria Falls）。1856年，他又到达印度洋上的赞比西河入口处。

利文斯通的探索提供了关于非洲内陆地区的大量信息，也正因此，他在欧洲享有盛名。同时，这些消息也加快了未来几十年里欧洲殖民非洲的步伐。1857年，利文斯通出版了《传教士在南非的旅行和研究》（*Missionary Travels And Researches In South Africa*）。1858年他又进行了一次探险，历时五年，然后于1865年又出版了《赞比西河及其支流探险记》（*Narrative Of An Expedition To The Zambesi And Its Tributaries*）。

1866年年初，利文斯通获得了公共和私人财政支持，以英国政府总领事的头衔，展开了他最后一次非洲内陆考察，并于1866年1月28日在桑给巴尔（Zanzibar）登陆。叛逃和不满一直困扰着探险队，但利文斯通仍然继续着他的探险之旅，努力地找寻尼罗河的神秘源头，传播基督教福音，反对奴隶贸易。但同时，利文斯通的健康状况也每况愈下。他于1871年春天抵达坦噶尼喀湖（Lake Tanganyika），该湖靠近刚果河（Congo River），是欧洲人向西渗透最远的非洲内陆地区。

之后的几年间，利文斯通一直杳无音信，有关他已死亡的传闻也不时传来，政府派遣了几个搜索小组寻找他。最终，斯坦利成功地找到了利文斯通，两人继续沿着坦噶尼喀湖向北探索，然后再向东。1872年3月，斯坦利启程返回英国，利文斯通则选择留下来继续探索非洲。一年后，利文斯通去世。

刘易斯和克拉克远征探索军团

1804–1806

美国西部领土的探索

1803年，美国以1500万美元的价格从拿破仑时期的法国买下了路易斯安那（Louisiana）广袤的领土。总统托马斯·杰斐逊（Thomas Jefferson）拨款2500美元资助对这片荒蛮之地的探险，并让他的私人秘书梅里韦瑟·刘易斯（Meriwether Lewis）担任这次探险的领队。刘易斯同意了，并请求他的朋友威廉·克拉克（William Clark）加入探险队。

1804年5月14日，西部探险队开始了探险之旅，这个探险队有时也被称为“远征探索军团”（Corps of Discovery Expedition）。探险队一共33人，其中包括克拉克的私人奴隶约克（York）。这次远征后，约克也获得了自由。探险队从密苏里州的圣路易斯（St. Louis）出发，一路探索并绘制这片土地的地图，与美洲土著居民建立良好关系并进行贸易，不畏英国和西班牙的干涉威胁，维护了美国主权，并发现了一条通往太平洋的水路。

刘易斯和克拉克冒着恶劣的天气，在艰难的地形中探索，并忍受着饥饿和疾病带来的痛苦，历时三年，长途跋涉了8000英里。他们越过大陆分水岭（Continental Divide），于1805年10月16日到达哥伦比亚河（Columbia River），并于一个月后到达太平洋。一路上，他们与拉科塔苏族（Lakota Sioux）及其他土著居民建立了联系。拉科塔苏族是北美大平原上一个强大的美洲土著部落。探险队记录了100多种动物和178种植物，同时完成了140张路易斯安那州领土的地图。然而，他们却依然找不到从密西西比河通往太平洋的连续水道。

如果没有美洲土著人的帮助，特别是今天北达科他州曼丹人的帮助，这次探险就可能不会成功。刘易斯和克拉克得到了图桑·夏邦尼奥（Toussaint Charbonneau）和他妻子的帮

助，图桑·夏邦尼奥是一位法裔加拿大商人、捕猎者，他的妻子萨卡加维亚（Sacagawea）则是美洲土著肖肖恩（Shoshone）部落的成员。这两人为探险队担任翻译、导游，并充当与土著居民联系的联络员，萨卡加维亚因此而获得了持久的声誉。

探险队分成两组，分别由刘易斯和克拉克带队，于1806年踏上了返回的旅程。之后，刘易斯在一次狩猎事故中受了重伤，他的探险队还与试图从他们那里偷东西的黑脚印第安人（Blackfoot Indians）发生了小冲突。两组探险队沿着密苏里河（Missouri River）前行并再次相遇，于1806年9月23日胜利抵达圣路易斯。刘易斯详细记录了这次探险，随后被任命为路易斯安那州州长。

随着美国版图从大西洋延伸到太平洋，著名的远征探索军团使得人们对美国西部产生了浓厚的兴趣，拓展了人们的科学知识，并加速了密西西比河流域以外定居点的建立。

登月

1969

“阿波罗11号”(Apollo 11)着陆，尼尔·阿姆斯特朗登上月球

1961年5月25日，美国总统约翰·肯尼迪（John F Kennedy）对美国国会说：“我认为，美国应该致力于实现这样一个目标：在这个十年结束以前，将人类送上月球，并让其安全返回地球。”

然而肯尼迪未能看到这个十年的结束，他于1963年遇刺身亡。1969年7月20日，在这个十年结束前，“阿波罗11号”任务指挥官、宇航员尼尔·阿姆斯特朗（Neil Armstrong）走出登月舱，踏上了月球表面。他说：“这对个人来说是一小步，对人类来说却是一大步。”阿姆斯特朗迈出的历史性的一步发生在东部夏令时晚上10点56分，美国的父母没有催促孩子上床睡觉，而是让他们通过电视目睹了这一事件。

阿姆斯特朗的这一步是美国国家航空航天局（NASA）在20世纪60年代初的巅峰时刻。肯尼迪击败苏联登上月球的提议得以实现。20世纪50年代末，苏联在太空探索方面取得了多项“第一”，而美国的“阿波罗”太空计划给美国人民带来了巨大的民族自豪感。继“水星”和“双子星”计划（Mercury and Gemini programs）之后，“阿波罗”太空计划克服了许多挫折，例如1967年“土星五号”（Saturn V）火箭发射前的试射中，三名宇航员不幸丧生。

1969年7月16日上午，“阿波罗11号”从佛罗里达州卡纳维拉尔角（Cape Canaveral）肯尼迪航天中心（Kennedy Space Center）发射升空。飞船上有三名宇航员：阿姆斯特朗、巴兹·奥尔德林（Buzz Aldrin）和迈克尔·柯林斯（Michael Collins）。宇宙飞船轰鸣着环绕月球轨道飞行24万英里，仅仅用时76小时，于7月19日抵达月球。第二天，名为“鹰”的登月舱脱离了由柯林斯驾驶的指挥舱，开始降落。

7月20日下午4点18分，飞船在一个相对平坦的区域降落到月球表面，这一区域被称为宁静之海（Sea of Tranquillity）。阿姆斯特朗用无

▼“阿波罗11号”前往人类从未去过的地方，创造了历史

▲ 尼尔·阿姆斯特朗和巴兹·奥尔德林登月的画面激发了人们的想象力

线电向德克萨斯的任务控制中心报告：“休斯敦，这里是宁静基地。老鹰已经着陆。”

几个小时后，阿姆斯特朗从登月舱爬下梯子踏上月球表面。奥尔德林几分钟后也踏上月球表面。宇航员们竖起美国国旗，拍了许多照片，又与尼克松总统通了话，并留下一块振奋人心的纪念碑，上面写着：“来自地球的人类首次踏上月球——1969年7月——我们为全人类的和平而来。”

“阿波罗11号”机组人员于7月24日安全返回地球，此后美国又成功完成了五次登月任务。

古代航海家

中世纪早期的探险旅行

29 失落的维京王国

47 马可·波罗的中国之旅

60 丝绸之路商人

62 穆罕默德·伊本·巴图塔

70 中国宝船船队的七次航行

303
304
305
306
307
19
18
17
16
15
14
13

失落的维京王国

从加拿大到君士坦丁堡，
北欧掠夺者掠夺侵占已知世界的宝藏和领土

维京人经常被描绘成嗜血的掠夺者。他们来自斯堪的纳维亚半岛（Scandinavia），分散到欧洲大陆各地，寻找土地、食物和财富，并在世界各地建立王国。几百年来，地平线上的长桅帆船（维京人海盗船）将恐惧注入法兰克人和撒克逊人等欧洲人民的心里。不过，维京人既是掠夺者，又是商贩，商业为他们漫长的探险提供了资金。他们带着毛皮、羊毛和鲸骨换取金钱、丝绸和香料，然后再卖掉。是进行交易还是实施抢劫？一切都取决于利润。

维京人很著名，最大的原因是他们对不列颠群岛发动过攻击，强制建立了丹麦区（Danelaw），并和阿尔弗雷德大帝（Alfred the Great）发生过战斗。他们在欧洲各地航行，统治着许多土地，甚至突袭了亚洲、美洲和非洲的部分地区。从西部的纽芬兰（Newfoundland）到东部的基辅（Kiev），维京人勇敢地面对危险的海洋和致命的敌人。

爱尔兰

200多年来，维京人的影响波及了埃默拉尔德岛(Emerald Isle)的大片地区。

历史上的维京人聚居地很容易通过名字的后缀“比”(-by)和“索普”(-thorpe)来识别，这两个后缀在古挪威语中是“宅基地”和“农场”的意思。因此，德比(Derby)、格里姆斯比(Grimsby)、惠特比(Whitby)和斯肯索普(Scunthorpe)等城镇都曾经是维京人的聚居地。

维京人在8世纪末首次出现在爱尔兰的土地上，他们袭击了拉斯林岛（Rathlin）或兰贝岛（Lambay Island）的一座修道院，打完就跑。这些零星的沿海袭击持续了30年，后来袭击蔓延到了大陆。但实际上，袭击对爱尔兰定居点没有太大影响，这些定居点在战争平息后都得到了重建。在这一阶段，劫掠者满足于短暂而又零星的袭击，然后返回斯堪的纳维亚出售战利品。然而，到了9世纪初，维京人信心大增，加剧了掠夺活动。他们在都柏林（Dublin）建立了“船只围场”，也就是人们所知的“长港”，这些固定的阵地使得袭击者可以随意蹂躏附近的乡村。不久，爱尔兰国王就忍无可忍了。米思国王玛拉基（Máel Seachnaill）向维京人开战，并在米思郡斯克里恩（Skreen）附近杀死了七百多名维京人。

在两个多世纪的时间里，袭击事件逐渐增加，对凯尔特-爱尔兰社会造成了深远的影响。但是到了10世纪初，来自丹麦的维京人也来到这里。为了区别，人们将来自挪威的维京人称为“洛克莱恩人”（Lochlainn），将来自丹麦的北欧人称为“丹麦人”（Danair）。维京人在不列颠群岛上的袭击获得成功后，随即增加了袭击的次数，他们开着长桅帆船，沿着河流向内陆进发。洛克莱恩人最初占据了主导地位，他们掠夺了许多修道院，获得了大量资金，但他们的攻

维京人扩张背后的原因

农田枯竭

斯堪的纳维亚半岛上有着各种各样的地貌景观，但都不适宜耕种。挪威多山，瑞典多树，而丹麦多沙。

渴望得到财富

维京人在遥远的地方进行掠夺，获取财物。他们在海外进行突袭，并建立了一个个定居点来存放他们的战利品。

过度拥挤

随着维京人口数量的增加，许多人想移居他乡。长子继承了家族的土地，弟弟们则会离家，冒险寻找属于自己的领地。

爱好流浪

冒险精神是维京人的一个共同特征。即使没有宝藏，维京人仍然热衷于在遥远的地方（比如美国和君士坦丁堡）寻找新的土地。

开辟新贸易路线

基督教开始流行，附近的许多基督教王国拒绝与异教徒维京人进行贸易。因此，维京人要么入侵这些地方，要么到别处寻找新的贸易机会。

击混乱无序，这意味着丹麦人的力量可以稳步增长。

在爱尔兰，有一个人脱颖而出，他就是芒斯特国王布莱恩·博鲁（Brian Boru）。布莱恩在王国南部建立了支援基地，组建了一支统一的联盟军。这支军队成为该地区的主力军，它摧毁了都柏林的要塞，与许多维京人的首领结盟。联盟军十分强大，足以将所有北欧部族从爱尔兰驱逐出去。布莱恩与都柏林的挪威人结盟并称王，没人敢挑战他的权威，他的霸主地位一直持续到1012年。当时发生了一系列密集的海盗袭击，1014年的克朗塔夫战役（Battle of Clontarf）是这些袭击的高潮。

克朗塔夫战役发生在4月23日，爱尔兰王国在布莱恩的带领下，与伦斯特国王梅尔·莫达（Mael Morda）支持的维京人展开了一场战斗（梅尔·莫达在一场争端后改变了态度，转而支持维京人）。布莱恩带领7000名士兵，向都柏林进军，与在日出时已经登陆海岸线的4000名伦斯特人和3000名挪威人交战。双方陷

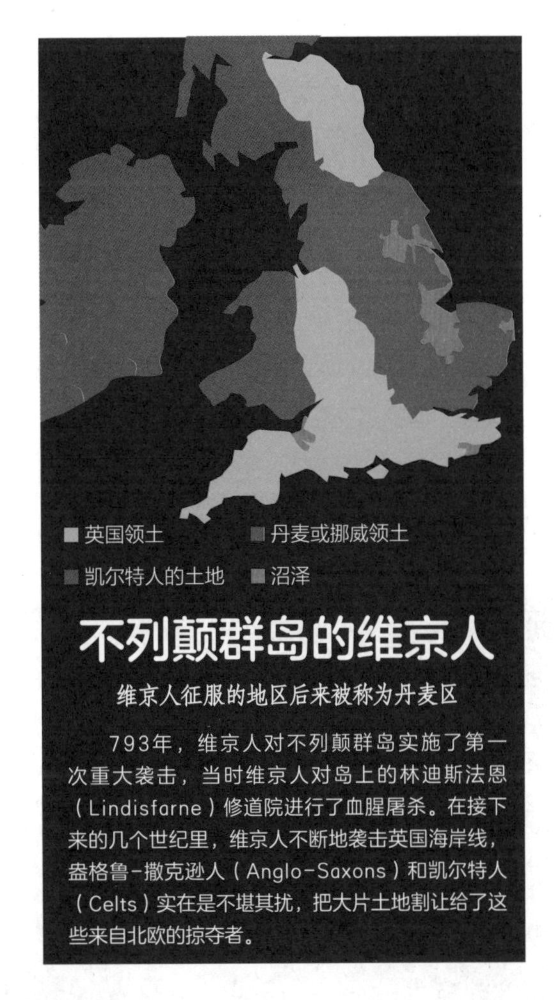

不列颠群岛的维京人

维京人征服的地区后来被称为丹麦区

793年，维京人对不列颠群岛实施了第一次重大袭击，当时维京人对岛上的林迪斯法恩（Lindisfarne）修道院进行了血腥屠杀。在接下来的几个世纪里，维京人不断地袭击英国海岸线，盎格鲁-撒克逊人（Anglo-Saxons）和凯尔特人（Celts）实在是不堪其扰，把大片土地割让给了这些来自北欧的掠夺者。

▼ 在都柏林人行小道上的挖掘现场。都柏林是斯堪的纳维亚人占领时期维京人活动的重要地区

入混战，邪恶的维京人的中路部队势如破竹。一开始，莫达的士兵们取得了优势。然而，当维京人的拥护者布罗迪尔（Brodir）和西格德（Sigurd）被击败后，天平开始向布莱恩一方倾斜。到了下午，布莱恩的手下设法切断了维京人退回长桅帆船的道路。这对莫达的军队是一个致命的打击，他们开始向利菲河（River Liffey）方向逃去。这时，返回的米思国王玛拉基和他的手下从天而降，切断了莫达军队的道路。维京人和伦斯特人陷入包围之中，随后被彻底击溃。

这场战斗是古爱尔兰历史上最血腥的一次冲突。布莱恩和他的4000名士兵倒在泥泞中死去，重要的是，6000名伦斯特人和维京人也倒在他们的身旁。这场战争结束了爱尔兰大动乱时期，开启了一个相对和平的时代，爱尔兰人和剩下的维京人相安无事地生活在一起。留在爱尔兰的挪威人被爱尔兰文化同化，并开始和当地人通婚。

▲ 在克朗塔夫，维京人联合了奥克尼人和马恩岛（Isle of Man）的盟军，但盟军增援不足，依然难以取得胜利

► 北欧掠夺者最初集中攻击修道院，因为这是获得财物的最好机会

北美洲

维京人洗劫了北欧部分地区后，又将目光转向了大西洋的另一边。

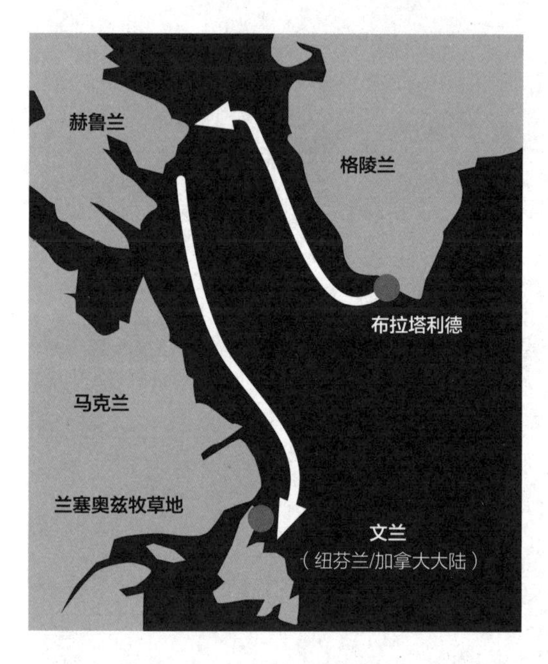

维京人在北美存在的范围有多广？这一直是人们热议的话题。无论如何，它将永远是海洋探索发现的最伟大成就之一。维京人大约在870年占领冰岛，格陵兰岛也紧随其后被臭名昭著的红发埃里克（Erik the Red）煽动征服。大西洋上波涛汹涌，比起维京人以前在北海的经历，大西洋上的探险要艰难得多。为了对抗恶劣的环境，挪威水手使用了一种叫作克纳尔（knarr）的商船。它比标准的维京海盗船更大，可以运载更多的货物，并且可以抵抗大西洋的惊涛骇浪。这种商船可以让维京人进行更长旅程的航行，装载更多的战利品。到1150年，有72000名斯堪的纳维亚人住在冰岛，5000名斯堪的纳维亚人住在格陵兰岛。

探险活动继续进行。985年前后，维京人第一次看到了北美，当时冰岛人比亚尼·埃尔霍尔松（Bjarni Herjólfsson）在前往格陵兰岛的途中被吹离航道，发现了未知的陆地。新大陆的故事激励着其他人前往探寻。大约在1000年前后，红发埃里克的儿子雷夫·埃里克森成为第一个踏上这片土地的人。埃里克森和他的35名船员可能是受挪威国王奥拉夫一世（最早宣扬基督教宗教思想的维京人之一）的派遣去传播基督教的。他们在圣劳伦斯湾（Gulf of Saint Lawrence）附近发现了三个地方。埃里克森给这三个地方取名为赫鲁兰（Helluland：石板之地）、马克兰（Markland：森林和木材之地）和文兰（温暖和葡萄藤之地）。我们今天称这三个地方为巴芬岛（Baffin Island）、拉布拉多海岸（Labrador Coast）和纽芬兰（Newfoundland）。

索尔芬·卡尔莱斯夫尼（Thorfinn Karlesfni）带领一百多名男女，还带上了工具、武器和家畜，进行了范围更大的航行，他们打算永远定居在新发现的土地上。他的妻子在新大陆生下了他们的孩子，这是第一个来自旧大陆却在新大陆出生的孩子。随着越来越多的维京人前往新大陆，他们不可避免地会与当地土著居民接触。维京人称当地人为“斯格林”（Skrælingjar：古斯堪的纳维亚语和冰岛语），并和他们成为贸易伙伴。天寒地冻，当地人送给他们的毛皮派上了用场。斯格林人继承的是铁器时代以前的文明，很可能是现代因纽特人的祖先。这些来自大洋彼岸的访客让斯格林人第一次接触铁制武器和工具。

▲ 维京人于982年到达格陵兰岛，在东部和西部都建立了定居点，约有300个农庄

▼ 斯堪的纳维亚人的技术并不比当地人先进多少，这意味着维京人很难在格陵兰岛维护自己的权威

文兰后来怎么样了？

专家简介： 亚历克斯·桑马克（Alex Sanmark）博士是英国高地与岛屿大学（University of the Highlands and Islands）北欧研究中心中世纪考古学讲师。她专攻北欧海盗时代斯堪的纳维亚半岛和北大西洋北欧殖民地各个方面的问题，涉及宗教、法律、性别。

兰塞奥兹牧草地对我们了解新大陆的维京人定居点到底有多重要？

兰塞奥兹牧草地是非常重要的，因为它是新大陆上唯一的维京人定居点。当然，还有其他类型的考古证据可以让我们了解维京人聚集地。举个例子，我们可以从关于冰岛的两部文学作品中得知，维京人是从格陵兰岛和冰岛航行到文兰岛的。当然，这激发了人们的想象力，特别是在美国，许多人一直在寻找证据，想要证明维京人曾经在更远的南方定居。还有人伪造证据，自己制作北欧古字铭文来证明维京人的存在。对于一些热衷于证明“欧洲人”从一开始就在新大陆的人来说，维京人定居新大陆是一个重要的政治问题。上述文学作品作为证据来源是非常有问题的，首先，这些文学作品是13世纪以后才出现的；其次，它们只是文学作品，这意味着它们告诉我们的事情不一定是真实发生的。我们不能依赖它们提供的证据，所以，兰塞奥兹牧草地非常重要。

美洲有没有其他类似兰塞奥兹牧草地的维京人聚居地呢？

没有，但最近几年在巴芬岛上发现了一个地方，可能是维京人的营地。

加拿大发现了越来越多的考古证据，证明维京人在那里与当地人进行贸易，还有可能当时已经建立了贸易网络，维京人的活动范围很可能比以前人们想象的要更深入内陆。他们还发现了许多当地人无法制造的手工艺品，比如金属、打火器和粗毛纺织物，这些都证明了维京人的存在。

文兰岛资源丰富，气候宜人。但是为什么维京人在格陵兰岛生存了几百年，却不能在文兰岛建立自己的家园呢？

兰塞奥兹牧草地定居点可能从来就不是永久性的，而是他们存储木材等物资的基地。维京人无法在格陵兰岛获得这些物资，他们似乎在那里停留了很短的时间，因为他们的人口数量不是很大，而建立一个新的殖民地需要大量的人力。

此外，说到储存格陵兰岛上没有的物资，兰塞奥兹牧草地也不是非常有用，因为维京人为了获得这些物资不得不远赴美洲内陆。而格陵兰岛和加拿大之间的旅途遥远，可能需要长达一个月的时间，因此，在这两个地区之间进行定期旅行是十分困难的。也许是因为维京人与土著人关系糟糕，他们不得不放弃这个定居点，但我们没有证据证明这一点。

维京人与美洲原住民关系如何？

我们对此知之甚少。传奇故事告诉我们，维京人与当地人进行贸易，也与他们发生战争。另

兰塞奥兹牧草地定居点可能从来就不是永久性的，而是他们存储木材等物资的基地。

一方面，越来越多的证据表明这两个群体之间存在互动，也许整体情况要比文学作品描述的乐观得多。这些毕竟是文学作品，描述战争可能比描述交易更吸引读者。

鉴于最近的考古发现，我相信将来会有更多的证据出现。

维京人的海盗船或商船是怎样横渡大西洋的呢?

在我们看来，人们乘坐敞口船横渡北大西洋似乎有些奇怪，但我们看问题时需要考虑其背景。横渡大西洋当然是一个非常漫长而又极其危险的旅程，文学作品中也有许多船只失踪的故事。然而，北欧海盗时代的人们对这种旅行方式已经习以为常，他们并不是在穿越大西洋时才开始乘坐敞口船的。斯堪的纳维亚半岛的人们从铁器时代早期就开始使用带帆的船只，并在后来的几百年中对他们的船只进行了改造，发展了航海技术。他们的航海本领高强，知道何时航行、如何航行，知道怎样追随海流、鱼群和海鸟。

维京人在北美建立的定居点由草皮土墙和尖尖的木屋顶构成。最著名的定居点是兰塞奥兹牧草地（L’Anse Aux Meadows: 源自法文L’Anse-aux-Méduses，即“水母湾”），这个定居点现在被视为维京人占领北美的证据。

该地区位于文兰岛北端，曾有约75人在此居住，当初可能是船只维修大本营。维京人进行了两到三年的殖民尝试，后来斯格林人逐渐将维京人视为一种威胁，并发动了暴乱。由于遭到了斯格林人的暴力抵抗，维京人的贸易风险大增，得不偿失。

维京人最终未能长期殖民美洲，一方面是因为那里自然环境恶劣，另一个原因是他们遭到了美洲土著的抵抗，这也说明了中世纪早期航海征服的局限性。从格陵兰岛到文兰岛的距离大约为3500千米，这对中世纪的任何船只来说都是一段艰难的旅程，更重要的是维京人没有足够的人力去征服美洲土著。正因如此，尽管维京人发现北美的时间可能比哥伦布早500年，但他们却无法在新大陆维系一个稳定的殖民地。

▲ 去美洲的旅程既漫长又艰难，有时会造成人员伤亡、船只迷航

▼ 维京海盗船可以轻而易举地从斯堪的纳维亚航行到法国，而且足够灵活地横渡河流

法国

维京人虽然生活在海峡对岸，但他们对诺曼底（Normandy）、布列塔尼（Brittany）和阿基坦（Aquitaine）地区的法兰克人依然造成了威胁。

9世纪末，来自丹麦的维京人增加了对西欧海岸的袭击次数，并陆续前往诺曼底、布列塔尼和阿基坦等地的大片领土上定居。他们的领袖是雷金赫罗斯（Reginherus），又叫拉格纳（Ragnar），一些人认为他就是古斯堪的纳维亚诗歌中描述的传奇人物拉格纳·洛罗德布罗克（Ragnar Lodbrok）。他十分自信，一身是胆，竟然在845年包围了巴黎。

拉格纳率领一支由120艘海盗船和5000名凶猛无比的战士组成的军队，将整个欧洲变为一片焦土。他们掠夺了鲁昂（Rouen）之后，845年3月28日，开始围攻巴黎。恰在此时，一场

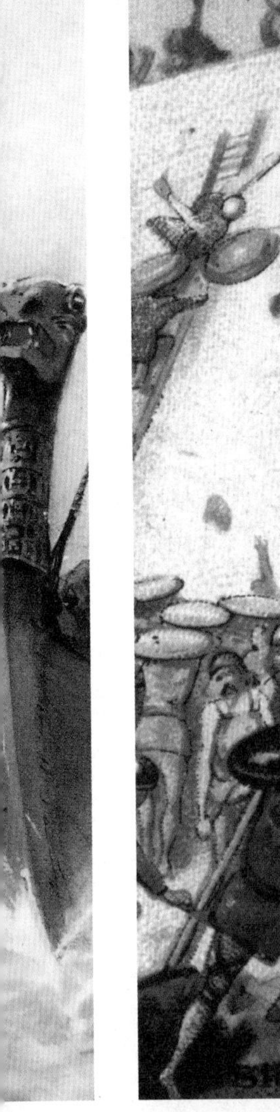

瘟疫席卷了袭击者维京人的军营，成了他们的拦路虎，但他们还是设法占领了巴黎。最后，他们得到法兰克王国一笔7000英镑的赎金，才没有将巴黎烧成平地。

尽管当时主要是丹麦人的天下，但一位名叫赫尔夫（Hrölfr）的挪威领袖还是出现了，他就是为人所熟知的罗洛（Rollo）。他的军队都是参加过不列颠群岛冲突的老兵。911年，他们包围了沙尔城（Chartres），西法兰克国王查理三世被迫签署了《圣-克莱尔-埃普特条约》（Treaty of Saint Clair-sur-Epte），并授予罗洛在鲁昂周围地区的管理权。

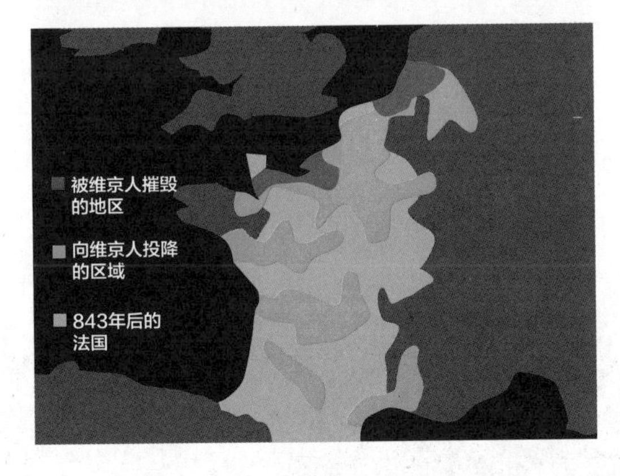

这个时候，维京人的领地从北部的诺曼底一直延伸到南部的阿基坦，这些区域被他们控制了大约两个世纪。尽管西法兰克王国的土地上出现了外国侵略者，但这实际上对西法兰克不无裨益，因为这意味着这些斯堪的纳维亚人将为他们提供一个有效的缓冲区，可以让西法兰克王国免于遭受其他敌人的沿海入侵。

不久，基督教和当地的风俗开始取代北欧文化，罗洛本人也接受了洗礼。

俄罗斯和东欧

维京人通过波罗的海（Baltic）向东继续征服。

入侵东欧腹地也许是维京人最伟大的成就之一。9世纪，俄国和东欧的斯拉夫部落之间战争不断，各部落迅速因战争而变得疲惫不堪。战争使得他们的资源紧张，并对他们的商业活动造成了影响。利用斯拉夫部落联盟分裂的机会，维京人纷纷从芬兰湾（Gulf of Finland）抵达俄罗斯和东欧。他们用伏尔加河（Volga）、涅瓦河（Neva）和伏尔科夫河（Volkhov）等大河作为水道，大大扩展了他们的领土。

伊尔门湖畔（Lake Ilmen）的诺夫哥罗德镇（Novgorod）成为北欧侵略者的主要据点之一。这些入侵者被当地人称为“罗斯”（Rus）。东欧平原为维京人提供了森林和草原，是狩猎、捕鱼和耕种的理想之地。由于有着充足的粮食供应，罗斯人的贸易路线进一步向北扩展至拉多加湖（Lake Ladoga），向南延伸到第聂伯河（River Dnieper）。罗斯人与当地的斯拉夫部落进行贸易，并到达今天的俄罗斯。三个入侵的瑞典国王鲁里克（Rurik）、西努斯（Sineus）和特鲁沃（Truvor），分别定居在诺夫哥罗德、贝洛泽（Beloozerg）和伊兹博斯克（Izborsk）。鲁里克的儿子就是诺夫哥罗德的奥列格（Oleg of Novgorod），他在882年向南推进600英里并控制基辅，然后继续向南掠夺，并在此过程中敲开了拜占庭帝国（Byzantine Empire）的大门。

但维京人在许多地区的影响力逐步减弱，并最终入乡随俗，这种情况在东欧也再次发生。基辅国王弗拉基米尔（Vladimir）于988年决定将希腊东正教作为该地区的宗教，从而进一步降低了维京异教徒的影响。斯堪的纳维亚人的文化逐渐向斯拉夫习俗转变，导致了俄罗斯王朝的逐渐发展，并最终可以与西欧的加洛林王朝（Carolingian Empire）相抗衡。俄罗斯沙皇的创始人就是鲁里克王朝的后代，而鲁里克王朝就是维京王朝，是欧洲最古老的皇室之一。

▲ 贸易和谈判对维京人的征服至关重要。图为斯堪的纳维亚人和波斯商人正在就一个女奴的价格讨价还价

其他七种旅行文明

诺曼人（Normans）

诺曼人在法国和英国都有领土，他们是维京人的后裔。10世纪时，诺曼人在西西里岛（Sicily）和意大利南部建立了一个王国，甚至在黎巴嫩也建立了国家。

卡尔马联盟（Kalmar Union）

从许多方面来看，卡尔马联盟的人都是斯堪的纳维亚维京人的继承者，他们也是伟大的漂泊者。丹麦、挪威和瑞典三国合并为一个共主邦联，即卡尔马联盟，定都哥本哈根（Copenhagen）。联盟还合并了冰岛和格陵兰岛。

腓尼基人（Phoenicians）

腓尼基人与地中海的关系就像维京人与北大西洋的关系一样。腓尼基是古代世界最先进的文明之一，其最强大的城邦是西顿（Sidon）和提尔（Tyre），这些城邦异常坚固，就连亚历山大大帝（Alexander the Great）对其也无可奈何。

室利佛逝（Srivijaya）

这是另一个建立在海上贸易基础上的文明——室利佛逝帝国（简称佛逝，是苏门答腊岛上的一个古代王国），在7世纪到13世纪之间繁荣昌盛。鼎盛时期，室利佛逝文明与印度、中国和马来群岛都有着贸易往来。后来，帝国受到朱罗人（Chola）和马来尤人（Malayu）的攻击，逐渐衰退。

威尼斯共和国（Venetian Republic）

威尼斯是有史以来最强的航海贸易国之一，是中世纪晚期欧洲最大的海港。威尼斯人的造船技艺高超，这是因为他们居住在沼泽潟湖之间。威尼斯共和国控制着伊斯特拉（Istria）和达尔马提亚（Dalmatia）等国家，直到拿破仑时代才衰落灭亡。

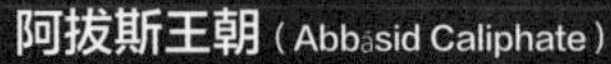

阿拔斯王朝（Abbāsid Caliphate）

阿拔斯王朝于750年推翻倭马亚哈里发（Umayyad Caliphate）的统治，成为小亚细亚和北非最强大的帝国，直到1258年被蒙古人所灭。在“伊斯兰黄金时代”，哈里发居于统治地位，穆斯林商人在地中海和印度洋进行贸易。

热那亚共和国（Genoese Republic）

热那亚是威尼斯的主要竞争对手，它拥有通往利古里亚海（Ligurian Sea）的天然海港，地理条件得天独厚，蓬勃发展的海洋经济使它成为一个独立的共和国，存在了800年。在十字军东征中，热那亚的贸易帮了西方的大忙。在输给威尼斯之前，热那亚甚至与远方的克里米亚（Crimea）都有往来。

君士坦丁堡

维京人冒险抵达拜占庭帝国。

维京人的势力不断向南扩展，到了10世纪初，与拜占庭帝国的交锋不可避免，战争就在眼前。

这场交锋在860年达到白热化。当时，维京人围攻君士坦丁堡，由200艘战舰组成的舰队如幽灵般从黑暗中出现，向他们所知的“米克拉加德”（伟大的城市，即君士坦丁堡）进发。这之后的故事发展变得相当模糊，但最有可能的结果是维京人只能征服君士坦丁堡的郊区，因为没有攻城设备，他们没能攻占固若金汤的城市中心。这是维京人见过的最大的城市，他们决心要将这座城市的财富洗劫一空。在他们的持续攻击下，双方于911年9月2日签订了商业贸易条约。随后，两国之间建立了友好关系，维京人控制了波罗的海以北和里海（Caspian Sea）以南的伏尔加贸易

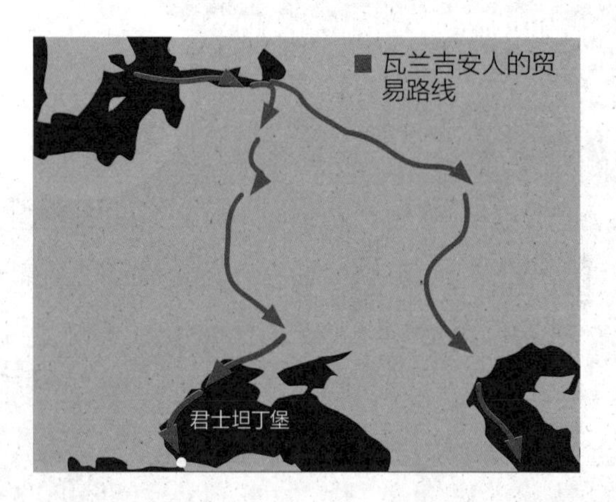

瓦兰吉安卫队装备示意图

令人闻风丧胆的战士成为这个时代最冷酷残暴的保镖

1. 斧头
瓦兰吉安卫队的斧头有一英尺（1英尺≈0.3米）长，当他们挥舞着锋利的斧头抵达战场的时候，拜占庭帝国皇帝的安全就有了保障。

2. 双刃剑
如果没有斧头，卫队战士也可以使用双刃剑或长矛。

3. 护盾
卫队战士使用的盾牌是经典的圆形海盗风格，当战士们双手挥舞武器的时候，盾牌可以背在背后。

4. 头盔
瓦兰吉安卫队战士戴着铁制的圆锥形头盔，但在地中海地区天气炎热的时候，他们还是喜欢只戴头饰。

5. 靴子
卫队战士穿着结实的皮靴，外面绑着护胫或护腿，以保护小腿免受砍伤和划伤。

6. 服装
卫队战士穿着盔甲，里面是一件标准的束腰外衣，胳膊上还有保护手腕和前臂的金属条。

7. 盔甲
精锐部队可以选择铁板或铜板制成的片状盔甲，也可以选择链式盔甲。

8. 骑在马背上的步兵战士
瓦兰吉安卫兵骑马到达战场，但他们是步行作战。他们穿戴的重甲有利有弊，这取决于战斗的具体情形。

路线（Volga Trade Route），黑海贸易变得频繁起来。944年，双方关系又开始恶化。奥列格的继任者是基辅的伊戈尔（Igor），他领导了一场运动，反对限制罗斯对克里米亚拜占庭土地进行袭击，并反对全面禁止在第聂伯河河口修建堡垒，但是运动并不成功。随着时间的推移，力不从心的维京人认为他们无法征服君士坦丁堡，于是一部分人决定转而为罗马皇帝服务。

还有一部分维京人进一步向南挺进，他们被希腊人称为瓦兰吉安人（Varangians）。在对君士坦丁堡的最后一次围攻失败后，瓦兰吉安人的战斗精神给拜占庭人留下了深刻的印象，拜占庭皇帝巴西尔二世（Basil II）于988年雇用他们为私人卫队战士。

拜占庭军队本就是多元化的，所以维京人受到了热烈的欢迎。

在罗斯-拜占庭战争结束后，瓦兰吉安人的进攻于1043年偃旗息鼓，这一新型士兵打着拜占庭的旗号远赴叙利亚（Syria）、亚美尼亚（Armenia）和西西里等地。他们的失败标志着瓦兰吉安人向亚洲进军的结束，因为该地区要么是斯拉夫人，要么是拜占庭人，而不是斯堪的纳维亚人。然而，瓦兰吉安卫队一直驻扎到14世纪，以确保君士坦丁堡仍然有一些维京人驻守。

▼ 君士坦丁堡有长达12英里的城墙，所以即使是维京人，攻陷城池的希望也极其渺茫

伊比利亚

斯堪的纳维亚人扩张到西班牙。

维京人控制了比斯开湾（Bay of Biscay），在法国西海岸站稳了脚跟，然后又进一步向南迁移到伊比利亚半岛（Iberian Peninsula）。我们所知道的维京人的第一次攻击发生在844年，当时，100艘维京人的船只从阿基坦出发，袭击了吉戎（Gijon）和科鲁纳（Coruna）。他们遇到了激烈的抵抗，转而向今天的葡萄牙进发。最初，维京人的袭击规模不大，也不经常袭击，但沿海地区受到的影响比较严重。很多当地人被俘虏，修道院被摧毁。

最初的几次袭击主要集中在基督教王国阿斯图里亚斯（Asturias）和加利西亚（Galicia）北部，后来，西班牙南部安达鲁斯（al-Andalus）也成为维京人的袭击目标。844年，维京人占领塞维利亚（Seville）长达六个星期，里斯本的财富被掠夺一空。袭击发生的时候，穆斯林正经历着基督教的重新征服。尽管维京人的海盗船能够在不到一周的时间内从诺曼底起航，而且有证据表明这种船的存在，但伊比利亚很快就成为维京人触不可及的地方。

随着维京人袭击的平息，穆斯林又从维京人手中夺回了土地。穆斯林领袖阿布德·拉赫曼二世（Abd al-Rahman II）夺回了塞维利亚，并将200名维京勇士的头颅送到盟友摩洛哥手中。

维京人在比约恩·艾恩赛德（Bjorn Ironside）和哈施泰因（Hastein）的带领下于859年卷土重来。他们绕着半岛航行，寻找法国南部和意大

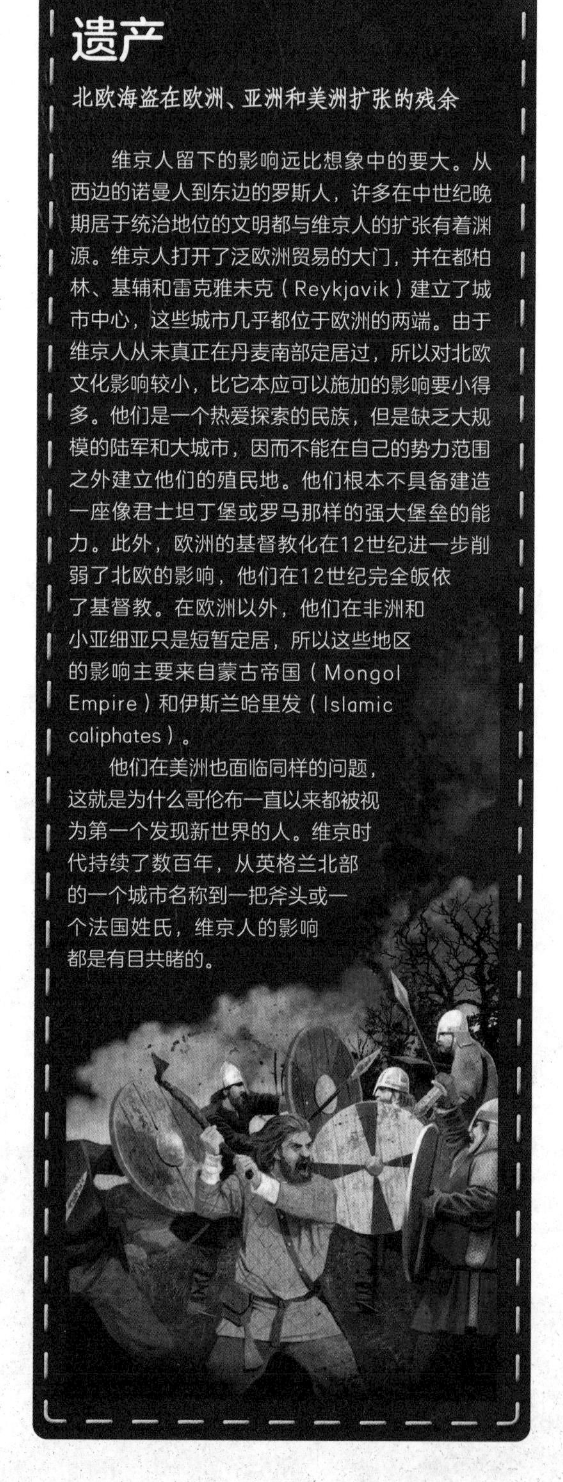

遗产

北欧海盗在欧洲、亚洲和美洲扩张的残余

维京人留下的影响远比想象中的要大。从西边的诺曼人到东边的罗斯人，许多在中世纪晚期居于统治地位的文明都与维京人的扩张有着渊源。维京人打开了泛欧洲贸易的大门，并在都柏林、基辅和雷克雅未克（Reykjavik）建立了城市中心，这些城市几乎都位于欧洲的两端。由于维京人从未真正在丹麦南部定居过，所以对北欧文化影响较小，比它本应可以施加的影响要小得多。他们是一个热爱探索的民族，但是缺乏大规模的陆军和大城市，因而不能在自己的势力范围之外建立他们的殖民地。他们根本不具备建造一座像君士坦丁堡或罗马那样的强大堡垒的能力。此外，欧洲的基督教化在12世纪进一步削弱了北欧的影响，他们在12世纪完全皈依了基督教。在欧洲以外，他们在非洲和小亚细亚只是短暂定居，所以这些地区的影响主要来自蒙古帝国（Mongol Empire）和伊斯兰哈里发（Islamic caliphates）。

他们在美洲也面临同样的问题，这就是为什么哥伦布一直以来都被视为第一个发现新世界的人。维京时代持续了数百年，从英格兰北部的一个城市名称到一把斧头或一个法国姓氏，维京人的影响都是有目共睹的。

利。事实证明，这是一个明智的举动，因为穆斯林和基督教徒定居点都太强大，维京人在接近塞维利亚之前就被击退了。

▲ 当维京人开始突袭时，基督教的重新征服已经开始了

维京人返回北方，前往法国，但他们的后代，也就是皈依基督教的诺曼人，将在几个世纪后重返地中海。

MARCO POLO

马可·波罗的中国之旅

马可·波罗充满异域风情的传奇经历，
让人难以置信。

马可·波罗的一生听起来像一个童话故事：一位来自威尼斯的普通男孩被他的父亲和叔叔带到亚洲，遇到了世界上最有权势的统治者，并受雇于这位统治者长达17年之久。之后他回到家乡，并将他的旅行记录在有史以来最著名的旅游书中。

这是一个引人入胜的故事，而且是真实的（至少大部分是真实的）。更值得注意的是，正因为有了一系列机遇，才有了这个故事。

1253年，在马可出生的前一年，他的父亲尼科洛和叔叔马菲奥离开威尼斯前往东罗马帝国首都君士坦丁堡。这个城市是罗马皇帝君士坦丁一世（Emperor Constantine）建立的基督教城市，是当时东正教的中心，而罗马则是当时天主教的中心。那时候，君士坦丁堡正处于衰退之中，其经济主要由外国商人尤其是威尼斯商人控制着。尼科洛和马菲奥带着一船货物，准备把他们的货物换成珠宝。经过六年贸易，他们大赚一笔，又把目光投向了克里米亚，在那里他们可以用珠宝购买俄罗斯的小麦、蜡、咸鱼及波罗的海的琥珀，这些商品在市场上供不应求。

这时候，命运多次扮演了重要角色。他们发现，威尼斯的两个贸易基地索尔达亚（Soldaia今天的苏达克）和卡法（Caffa）就在新建立的蒙古帝国内部。克里米亚于1238年被蒙古人占领，成了所谓的金帐汗国（Golden Horde）的一部分。

为了躲避敌人，他们向东行驶了1000千

马可·波罗的威尼斯

威尼斯曾经是沼泽中的一个村庄，中世纪时已经成为一个拥有宫殿、运河和辉煌教堂的地方。马可大约出生于1254年，在里亚尔托桥（Rialto Bridge）附近的一个富有商人家庭长大。从出生起，他就十分喜欢壮丽辉煌的圣马可大教堂（St Marks）。教堂的西门入口处有四匹罗马青铜马，这是1204年十字军东征时从君士坦丁堡带回的战利品。

他将会以国家礼仪见到这个城市的统治者，也就是总督，这些国家仪式旨在展示远离这座城市的元朝的权力和财富。威尼斯拥有一支主宰东地中海的海军，在亚得里亚海沿岸有十几个殖民地、港口和岛屿。威尼斯的飞地[①]吸引了希腊周边、君士坦丁堡和东方的商人穿过黑海来到克里米亚，在那里有两个基地，可以前往通往俄罗斯顿河和伏尔加河的“河路”。这些基地现在不仅可以前往俄罗斯，还可以前往整个亚洲。1238年，克里米亚已经落入一个庞大的新实体手中，这个新实体便是成吉思汗建立的帝国。在成吉思汗死后30年，克里米亚一直由他的家族统治，这里所有的家族成员都效忠于成吉思汗的孙子，也就是在约6000千米外的忽必烈。

① 某国或某市境内隶属于外国或外市，且具有不同宗教、文化或民族的领土。

米，前往当地首府萨拉伊（Sarai），这是伏尔加河上的一座城市，被称为“帐篷和四轮马车之城”。一年后，得知威尼斯的敌对城邦热那亚已经把威尼斯人赶出君士坦丁堡后，他们准备动身返回家乡。当时他们只有一条路线可走：再次向东到布哈拉（Bukhara），然后通过阿富汗，长途跋涉返回家乡。这时候，命运再次介入。蒙古各邦之间发生了内战，为了躲避战乱，他们不得不在布哈拉度过了三年。后来，蒙古帝国的一位使者遇到了他们，这位使者惊讶地发现这两个“拉丁人”蒙古语说得很棒。使者告诉他们向东走，一直走到中国，成吉思汗的孙子忽必烈会在那里热烈欢迎他们。在马可的描述中，这位使者说：“先生们，你们将从中获得巨大的利益和荣誉。”

马可·波罗的叔叔和父亲二人抵达元上都，果然受到了热烈欢迎，因为忽必烈碰巧需要基督教来抵消地方宗教的影响。他让这两位威尼斯人返回家乡，给他带100位牧师，再从耶路撒冷给他捎一些圣油（也许是为了用于魔法）。忽必烈送给他们一张金色的安全通行证，允许他们使用帝国驿道，然后打发他们启程回国。又经过三年的旅行，1269年，兄弟俩终于回到了威尼斯。他们已经离家16年，尼科洛的妻子已经去世，他们的儿子马可也已经15岁了。马可从小受过良好的教育，正准备到外面的世界去看看。

上都

上都城分为三重：外城、内城和宫城，都城最里面是皇宫。

两年后，也就是1271年9月，父亲和叔叔带上马可·波罗再次出发，他们途经耶路撒冷时捎上了圣油。机会再次降临，当地的一位高级教士泰达尔多·维斯科蒂（Tedaldo Visconti）刚刚被任命为教皇。他希望全中国都能皈依基督教，于是便急忙写信给忽必烈，要求其皈依基督教。教皇还给了他们两位牧师，而不是100位，但这两位牧师很快就返回了耶路撒冷。

这次旅行既艰难又漫长。到处都是战争：穆斯林与十字军作战，蒙古各小国之间也战争不断。他们的金色安全通行证并不能保证他们的安全。为了避免陷入麻烦，他们通过土耳其东部、伊拉克和波斯，前往霍尔木兹港（今天的阿巴兹港）。我们不清楚其确切的路线，因为当马可口述他的故事时，他的记忆已经很模糊了，而他自己也不是一个可靠的见证人，但他的叙述还是有很多真实的成分的。

霍尔木兹是一个重要港口，那里天气奇热，有一种热风叫西蒙风，可以把尸体烤熟。后来他们希望去印度，但眼前只有用椰子线缝合起来的小船，只好作罢。于是，他们原路返回，到了今天伊朗的东北部，得到了刺客团（assassins）的详细资料。在马可·波罗的奇幻故事里，这里的年轻人被下了药，然后被带到一个美丽的花园里，少女们围着他们“唱歌，嬉戏，极尽爱抚调情之能事”，然后他们就被送去杀人。刺客总部阿拉穆特（Alamut）位于埃尔布尔兹山（Elburz）上的一座阴森肃穆的堡垒里，实际上偏离了马可的路线700千米。但也可能确有其事，因为蒙古人在1257年摧毁了阿拉穆特的刺客团。

成吉思汗曾两次摧毁阿富汗的巴尔赫（Balkh），但当时又有点儿复苏的迹象，马可·波罗将它描绘成“一个高贵而伟大的城市”。他还透露，对于女性的美丽，他有着年轻人的审美。在某一个地区，居民们长得好看极

▲ 马可第一次见到忽必烈时大约21岁，他将待在皇帝身边17年

了，“特别是那些女人，漂亮得无法形容”，而在另一个地区，妇女们则穿着棉裤，这是为了“让自己的臀部看起来很大”。

然后他们继续向北行进，穿过瓦罕走廊（Wakhan Corridor，19世纪英国在阿富汗建立的一条狭长地带，其目的是在英属印度和俄罗斯帝国之间形成一道屏障）。这是一条进入中国的既定路线，这条路线十分艰难，令人生畏，它穿过帕米尔山脉（Pamir mountains），冰川从6000米高的山峰上延伸下来，（据马可说）那里的天气极其寒冷，不但人迹罕至，连飞鸟也不见踪影。他们沿着瓦罕河（Wakhan River）来到一片终年积雪的土地上，那里有一只大羊，角长1.5米，他给羊取名为奥维斯·波利（Ovis Poli），意思是马可·波罗羊。他喜欢这高高的山峰，因为那纯净的空气治好了他莫名发牢骚的坏毛病。

从5000米的瓦赫吉尔山口（Wakhjir Pass）下来，马可·波罗和父亲以及叔叔——大概还有一队马匹、骆驼、牦牛和向导——来到位于今天塔什库尔干（Tashkurgan）的商队客店，客店在喀什（Kashgar）以南大约250千米处。马可没有提到这一段旅程，但他的记忆里满是喀什的花园、葡萄园和庄园。喀什是进入中国的第一个主要城市，和现在一样，这里是维吾尔族聚集地。

喀什以东是亚洲的荒漠地带，塔里木盆地（Tarim Basin）到处都是碎石废料和流动沙丘，还有塔克拉玛干沙漠（Taklamakan）、洛普沙漠（Lop）、加顺戈壁沙漠（Gashun Gobi）和库姆塔格沙漠（Kumtag）。这里除了零星的骆驼刺什么也长不出来，除了沙蝇、蜱虫和大量的野骆驼，几乎没有其他生命。谈及危险时，马可·波罗有点儿夸大其词，他谈到了沙丘精灵和恶魔的声音引诱人类走向死亡。其实中世纪的旅行者都不会穿过沙漠——他们不必这么做，因为早就有一条既定路线，后来这条路线被称为"丝绸之路"，它穿过一片又一片绿洲，发源于昆仑山的河流滋养了这些绿洲。马可·波罗提到了城镇——和田、且末，这些城镇今天仍然存在。还有些城镇则消失在流沙下，最著名的当属楼兰古城。

这是中国的最西部，也是忽必烈帝国的最西部。马可就像太阳系边缘的一颗彗星，开始了漫长而又缓慢的旅程，朝着帝国的太阳元上都前进。但忽必烈对西部地区（马可称之为"伟大的土耳其"）的控制是脆弱无力的。这一地区很大一部分被忽必烈叛逆的堂兄凯都占据，40年来，他一直是忽必烈的眼中钉、肉中刺。

马可讲述了一个关于凯都的故事，十分有趣：凯都有一个女儿，也就是令人敬畏的艾哈鲁克（Aijaruc，马可说这个名字的意思是"明月"，实际上它的意思是"月光"）。艾哈鲁克身材魁梧高大，"几乎像个女巨人"，她既坚强又勇敢，没有人能比得上她。凯都视她为掌上明珠，想把她嫁出去。但她总是拒绝，说她只会嫁给一个能打败她的男人。每一个挑战者都得带上一百匹马。经过一百场比赛，艾哈鲁克就有了一万匹马。随后，一位富有而又有权势的王子来了，他献上了一千匹马。然后他们开始摔跤，结果还是她赢了。此后，凯都带她征战四方，她在战场上证明了自己存在的价值。她冲到阵中去抓敌人，就像老鹰捉小鸡一样灵活。这是真实的故事吗？不得而知，但故事里面确实有些真实的成分。蒙古族妇女确实因强壮而闻名，凯都确实有一个心爱的女儿，但她的名字是库图伦（Kutulun）。

在沙漠的最东端，马可经过了长城，这段长城建于一千年前，目的是抵御像蒙古族这样的游牧民族的入侵。马可应该不会认为这段长城很好看，因为它是用芦苇和泥土建成的，已经废弃了半个世纪，长城内外都在蒙古族统治之下。如果他注意到这一点，他会认为长城不值一提。

这个时候（可能是1275年春天），他和他的随行人员似乎已经被发现了。信使们纷纷快马加鞭，传递消息——有外国人来了！这几个外国人会说蒙古语，拿着一张金色通行证，毫无疑问，他们就是十年前的"拉丁人"。卫士们骑着马，整整驰骋了40天去接他们，并领着他们前往忽必烈居住的上都。这个时候，也许是因为周围绿色植被多了起来，马可谈到了两种动物。第一种动物是一种毛茸茸的牛，他有些夸张地说，这种牛"像大象一样大"，这是西方第一次出现关于牦牛的描述，当时牦牛在欧洲还不为人知。第二种动物是一只鹿，这只鹿有狗那么大，是"非常漂亮的动物"。这是一只麝香鹿，麝香是从麝香鹿的颈腺中提取的，是香水制造商非常渴望得到的东西。

现在，马可走过了近中国的一半，他到了银川。银川曾经是西夏的首都，西夏是一个独立的王国，1227年被成吉思汗摧毁。马可使用的术语并不完全正确，他给银川起了蒙古语名字（他的游记中称之为"egrigaia"，蒙古语为"eriqaya"），还给当地的山脉贺兰山起了名

逍遥宫

马可在描述元上都的“藩邸”时，引用了柯勒律治的诗歌：“忽必烈可汗下旨于上都，建造一座富丽堂皇的逍遥宫。”因为柯勒律治诗中描述的是一个梦，人们就自然而然把“逍遥宫”当作一个传说了。事实上，马可描述的是一座真正的建筑。他所说的“藩”是指竹子，1253年，忽必烈征服云南，那里地处亚热带，盛产竹子。将竹子劈为两半接在一起，形成15米长的“瓦片”，构成了一个圆形屋顶。马可说，为了防止屋顶侧面被大风掀起，工匠们使用了200根粗丝线固定屋顶。在夏天，它可能被用来当作狩猎的小屋，但实际上它又具有政治目的——象征着忽必烈治下的两种文化，蒙古族文化和汉文化。它将蒙古帐篷（很容易拆除用于冬季存储）的风格与中原的材料和技术结合在了一起。

字“calachan”。

然后，他横穿内蒙古鄂尔多斯地区，经过许多村庄和被开垦过的土地，最后来到一个地方，这里有着“各色各样供养皇室军队的工艺品”，这就是宣化，是今天的北京通往曾经的蒙古边境的必经之路。在这里，马可可以南下，前往忽必烈的新首都北京，也可以北上，前往忽必烈的第一个首都上都。这个时候上都已经成了忽必烈的避暑山庄，其时正值夏天，忽必烈正在上都避暑，马可离那里只有250千米。

元上都的名字源于汉语“上都”，之所以称之为“上都”（Upper Capital：北方的首都）是为了和新首都“大都”（Great Capital：伟大的首都，即今天的北京）相区别。我们这样拼写是因为诗人塞缪尔·泰勒·柯勒律治（Samuel Taylor Coleridge）在1797年所写的一首著名诗歌《梦中诗》（*Making from a Dream*）中就是这样拼写的：

> 忽必烈可汗下旨于上都，
> 建造一座富丽堂皇的逍遥宫。

圣河阿尔弗的水流在奔涌，

穿过一个个深不可测的岩洞，

注入那不见天日的海洋中。

这里确实有一处“逍遥宫”，但却没有岩洞，也没有阿尔弗河，太平洋距离这里将近400千米。元上都地处蒙古高原，那里草场起伏，低山连绵。

在马可的时代，这座城市有12万居民，靠近所谓的皇家驿道，驿道沿途有大量的圆毡帐、马匹、骆驼和商人。

他们穿过大门来到了“一座非常精美的大理石宫殿”，被带去觐见忽必烈。大汗很高兴看到他的“拉丁”使节们又回来了。马可对这位“有史以来最强大的人”赞叹不已，他们跪下来，匍匐在大汗面前。礼毕之后，他们向大汗讲述了旅途中的所见所闻，并呈上教皇的信件，献上圣油。然后，忽必烈问起了马可。

“陛下，”尼科洛说，“他是我的儿子，也是您的臣子。”他把马可交给忽必烈供他差遣。“我也对他的到来表示欢迎。”忽必烈说。他们就这样开启了一段长达17年的君臣之情。那个时候，马可可以和任何大臣一样接近皇帝，也许他比其他大臣更接近皇帝，因为忽必烈把他视为一个独立的信息来源，不受朝廷诸多对立集团的影响。马可能说一口流利的蒙古语，他前后至少五次前往当时中国的各个角落，可能是为了收集有关外国人和少数民族的信息。几乎可以肯定的

马可·波罗的影响

马可·波罗的游记是在1299年被囚热那亚期间匆忙口述的。这本书通常被称为《世界之描述》，或者干脆称之为《马可·波罗游记》。由于这本书比欧洲印刷术出现得早，因此它是由抄写员和翻译人员“出版”的。原件丢失了，抄写本的内容有增加，也有删减，还有许多错误。由于当时没有其他信息可以佐证，人们渐渐地把《马可·波罗游记》看作一部寓言集。

《马可·波罗游记》几乎花了整整两个世纪才产生大的影响。15世纪，人类知识迅速积累，后来旅行者的描述表明马可·波罗的描述基本上是真实的。15世纪晚期是一个伟大的探索时代，欧洲人试图到达东方，寻求与东南亚和中国建立贸易关系，当时中国被称为“契丹”（Cathay，马可称华北为“Cataia”，来自蒙古语“Khiatad”）。

当葡萄牙人开辟了环绕非洲南部的海上航线时，马可·波罗和一张基于马可·波罗描述而制作的地图启发了克里斯托弗·哥伦布，他建议向西穿越大西洋，从而直接快速地到达中国。但是葡萄牙人拒绝了哥伦布的建议，坚持要走非洲路线，哥伦布向西班牙统治者费迪南德（Ferdinand）和伊莎贝拉（Isabella）提出了同样的想法。两位君主支持他的建议，反正他们也不会失去什么。结果是：1492年哥伦布发现大西洋并没有一直延伸到中国，而是通往另一个大陆。哥伦布以为他到了中国，其实那是美洲。

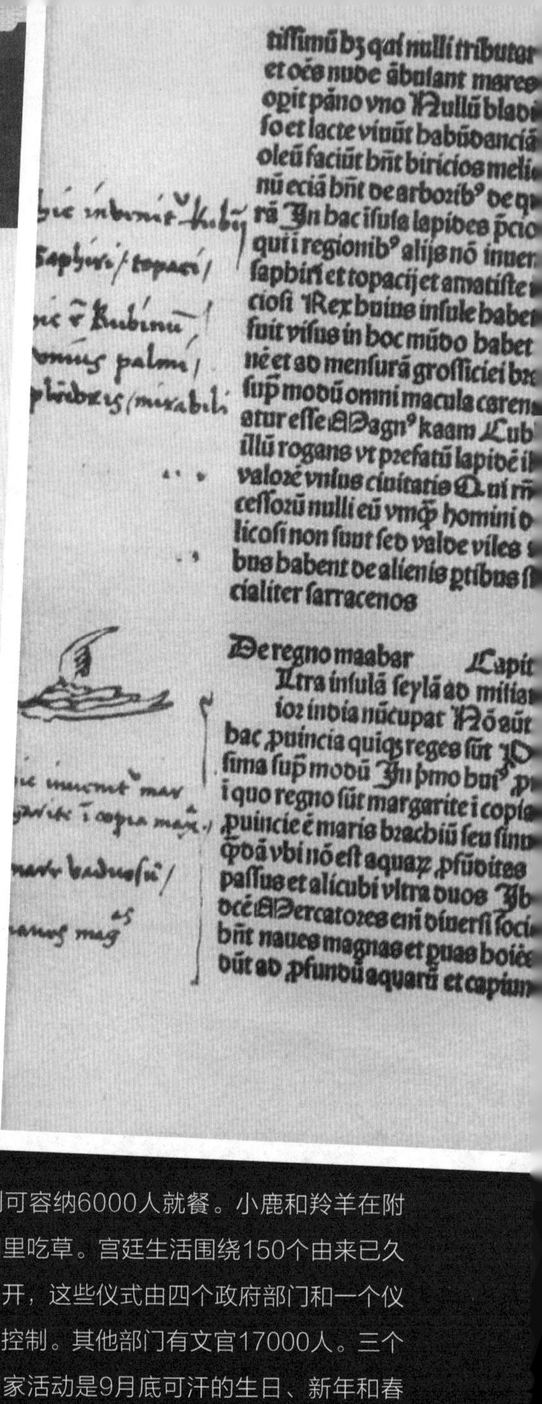

是，他是皇帝怯薛军（kheshig）的一员，怯薛军是忽必烈的禁卫军，大概有12000人。后来，马可·波罗为欧洲的基督教读者写下了他的所见所闻，但没有透露他被派去的原因，这意味着他与那位非基督教统治者的关系极其密切。

没有差事的日子，他可以体验富丽堂皇的宫廷生活。他陪同忽必烈在元上都和新首都北京之间旅行。这段路程历时三周，忽必烈坐在一个特别设计的房间里，这个房间绑在四头并驾齐驱的大象背上。之所以迁都北京，是因为它是统治整个中国的关键。忽必烈的祖父成吉思汗将北京夷为平地，现在忽必烈又一砖一瓦建起了北京：寺庙、花园、湖泊，还有一座由漆木和闪闪发光的瓦片组成的宫殿。觐见大殿是皇帝接见群臣的地方，大到可容纳6000人就餐。小鹿和羚羊在附近的公园里吃草。宫廷生活围绕150个由来已久的仪式展开，这些仪式由四个政府部门和一个仪式委员会控制。其他部门有文官17000人。三个主要的国家活动是9月底可汗的生日、新年和春季狩猎。

每到新年和成吉思汗的生日，礼物就会如流水般从帝国的各个角落涌来。马匹、大象和骆驼列队游行，数千名身着白色服装（为了好运气）的人匍匐在地以示敬仰。皇帝和他的随行人员坐在一个高高的平台上，旁边有大臣们伺候，这些大臣嘴里都塞着餐巾，以免“他们身体的气息和气味污染献给皇上的美酒和佳肴”。

3月1日，忽必烈带领众人进行了一场大规

模的狩猎活动。在40天的时间里，狩猎行程大约500千米。根据马可的描述，14000名猎人和10000名驯鹰人（尽管这些数字可能被夸大了）带上了矛隼、大雕、游隼、老鹰和苍鹰，还有2000只像獒犬一样的大狗，一起捕猎野兔、狐狸、小鹿、野猪，甚至是野狼。晚上，皇帝在一个帐篷城里安营扎寨，帐篷城的中间是他自己的大帐篷，这个帐篷以鼬皮和貂皮作内衬，地上铺着虎皮来防潮。白天，皇帝坐在由四头大象驮着的象轿里观看狩猎。

马可描述了当时的情景：“有时候，象轿里的皇帝正在和他的大臣们说着闲话，其中一位大臣就会高喊：‘皇上快看！好多仙鹤！’皇帝便会立即掀开轿顶，看到仙鹤之后，便放出他的矛隼。”

对马可来说，这样的生活在1292年结束了。当时忽必烈年老体衰，身体肥胖。一想到他们在新统治者统治下的未来，马可和他的父亲、叔叔就会感到忐忑不安。虽然忽必烈很不情愿，但还是允许他们作为公主的随行人员从海路离开，这位公主要嫁给忽必烈在波斯的一位亲戚。他们在1296年，也就是忽必烈死后两年回到了家。

威尼斯

起点。威尼斯当时已经是欧洲最富有的城市之一，它的财富增长速度比以往任何时候都要快。它的达克特金币成为欧洲的主要货币。从商的马可·波罗家族可谓近水楼台先得月。

君士坦丁堡

1258年被蒙古人摧毁的这座城市正在恢复活力。马可称之为“波达斯”（Baudas），又提到“这里商贾云集……丝绸制品和金色的锦缎琳琅满目”。

巴格达

耶路撒冷

前十字军首都耶路撒冷落入了穆斯林手中，但穆斯林允许基督徒进入耶路撒冷。所以马可·波罗和他的父亲、叔叔可以按照忽必烈的要求从圣墓大教堂（Holy Sepulchre）捎带圣油。

霍尔木兹

马可记录了从印度来的船只，这些船上装满了“香料和宝石、珍珠、象牙，还有许多其他物品”。天气炎热，马可·波罗和父亲、叔叔又喝多了枣酒，吐得一塌糊涂，他们变得虚弱乏力，于是便踏上了返回北方的旅程。

中国之旅

马可·波罗是从威尼斯出发到达耶路撒冷，穿过今天的沙特阿拉伯，沿原路折返回今天的阿富汗，越过帕米尔高原（Pamirs）进入中国，穿过今天新疆的沙漠，最后到达上都。

忽必烈的首都最初叫开平府（马可称之为“切梅因府”），在马可·波罗到来的12年前，即1263年，开平府更名为上都。
上都
北京
忽必烈新建立的首都，中文名叫大都，但也以土耳其语称之为坎巴利克（Khanbaliq），意即“可汗的城市”。马可·波罗将它改为坎巴鲁克（Cambaluc）。
喀什
喀什是进入忽必烈帝国后的第一座大城市。这里的居民崇拜穆罕默德，靠贸易和手工业谋生；这里有美丽的花园、葡萄酒庄和别致的庄园。
敦煌
今天的敦煌闻名天下，那里有1000个装饰精美的洞穴，这些洞穴是在400年到1100年建造的，马可对此却只字未提。他把这座城市称为“Sachiu”，来自中国的文字“沙州”或者“沙区”。
杭州
泉州
路线
前进路线
返回路线

生命中的一天

丝绸之路商人

在中国塔克拉玛干沙漠古老的贸易路线上赚钱

丝绸之路从东方富饶的长安延伸至喀什，再向西延伸至印度、伊朗、君士坦丁堡、大马士革，最终到达罗马，是历史上最伟大的贸易路线之一。尽管叫丝绸之路，但丝绸在沿途交易的货物中只占很小的一部分。在这里，一群群商队在炎热干燥的沙漠和白雪皑皑的高山上行走，景象甚是壮观。宝石、贵金属、香料都是这条贸易路线上的主要货物。游历四方的商人冒着严寒酷暑，冒着被强盗和恶魔袭击的危险，行走在这条路线上。

▲ 宗教是许多丝绸之路商人生活的中心，这从敦煌莫高窟的佛教艺术可见一斑

膜拜你所选择的神

丝绸之路上交易的不仅仅是贵重物品，佛教、犹太教和基督教，以及琐罗亚斯德教、摩尼教和聂思托里安教都在这条路上传播。每种宗教都规定了膜拜方式，一些沿途相遇的商人会宣扬自己的宗教。

躲避强盗袭击

强盗们会寻找目标，对珍贵货物下手，因此许多商人会携带武器自卫。青铜武器是常见的交易物品，因此商人也都自己携带。因为经常受到强盗的攻击，随着时间的推移，商人们在主道周边又开辟了许多岔道，其目的是躲避强盗。

让骆驼背上驮满货物

要想在丝绸之路上取得成功，就要在自己的祖国低价购入商品，而且还要保证这些商品在其他国家是稀有并昂贵的，然后再去和其他国家的商人交换。在商队出发前，骆驼们的背上都装满了货物——一卷卷的丝绸、一袋袋的香料和其他贵重物品。

留下你的印记

丝绸之路商人以不同的艺术形式在这片土地上留下了他们的印记。印欧的索格底人（Sogdians）在巴基斯坦留下了岩石雕刻，旅行者们在莫高窟的岩壁上绘画，肃北县还建有宏伟的石窟寺，这些洞穴中有许多佛像或佛像画，其画面错综复杂，多姿多彩。

▲ 中国吐鲁番附近的柏孜克里克千佛洞中的壁画（9世纪）

▲ 塔什库尔干要塞遗址，这里曾经是丝绸之路商队的一个重要聚集点

面对沙魔

沙漠风暴使本来就不适宜居住的环境变得更加危险。沙丘被大风卷起，人们根本看不清楚周围的环境，于是他们在沙地上设置了指示方向的标记，以避免风暴结束后迷失方向。风声常常被认为是沙漠恶魔，困扰着不幸的旅行者。

交易

在聚集地，如果听说附近有团体愿意交易，商人就会改变旅行方向安排见面。两个团体在一处空地上碰头，然后把货物放在中间接受检验。如果交易对双方都有利，商品就可以交易了——丝绸可以换成黄金、白银和珠宝。

商人会议

沙漠中有很多绿洲城镇，比如敦煌的莫高窟及塔什库尔干石塔等，都属于地标性建筑，这些地方类似于现代的高速服务区，为成群结队的商人们提供聚集的场所。商人们在这里交换重要的信息，比如是否可以与附近的团体进行交易，以及前方道路上需要注意的危险。

睡觉时间

经过一天的长途旅行，商队会挑选一个休息的地方，并在睡觉时生火取暖。人们只吃简单的肉和米饭充饥，如果饮用水供应不足，则实行定量配给（骆驼是最后一个喝水的，它们比主人需要的要少）。商人们睡觉时也不敢睡得太死，要时刻盯着他们的货物和武器，以防遭到袭击。

穆罕默德·伊本·巴图塔

（Muhammad Ibn Battuta）

一个无与伦比的旅行家

14世纪早期，伊本·巴图塔在大约30年的时间里游历了伊斯兰世界的大部分地区，留下了一段令人着迷的游历史。

在大约30年的时间里，穆罕默德·伊本·巴图塔一直在旅行。他的旅程从北非海岸到圣城麦加（Mecca）和麦地那（Medina），再到印度次大陆和广阔的中国，行程大约173000千米。这位伊斯兰之子穿越人迹罕至的沙漠，翻过巍然屹立的山峰，横渡波涛汹涌的大海，完成了探索史上最长的发现之旅。

1304年，伊本·巴图塔出生于摩洛哥丹吉尔（Tangier）富有的柏柏尔斯家族。当时伊斯兰教正从地中海盆地和撒哈拉以南的非洲地区穿越中亚向东方传播。年轻的伊本·巴图塔受过家庭传统教育，这种家庭传统被伊斯兰法律视为权威。他还拥有足够的财富，至少可以资助他的第一次麦加朝圣之旅。1325年，他离开家乡开始旅行，在四分之一个世纪之后才回到丹吉尔。

父母为此感到伤心，为伊本·巴图塔的安全和健康感到担心，这是可以理解的，但他还是踏上了一段奇妙的旅程。后来他回忆当初对旅行的坚定愿望："我于725年拉贾布（伊斯兰教历的第七个月）二号星期四离开了我的出生地丹吉

事件年表

第一次离开丹吉尔
年轻的伊本·巴图塔有生以来第一次离开摩洛哥的家，踏上了麦加朝圣之旅。25年后，他才再次回到丹吉尔。
1325

穿越北非
伊本·巴图塔穿越北非，其间在突尼斯停留了两个月。据说他在加入旅行商队之前已经在地中海的斯法克斯镇（Sfax）结婚。
1326

命中注定
伊本·巴图塔抵达埃及港口城市亚历山大，遇到两位能预言未来的人。一位名叫谢赫·布哈努丁（Sheikh Burhanuddin），他预言道："在我看来，你喜欢国外旅行。你将会拜访我在印度的兄弟法里杜丁（Fariduddin）、在辛德的鲁科努丁（Rukonuddin）及在中国的布哈努丁（Burhanuddin）。请向他们转达我的问候。"伊本·巴图塔在睡梦中看到自己坐在一只大鸟的翅膀上，飞向麦加、也门和许多其他神秘的地区。另一位能预言未来的人谢赫·穆尔什迪（Sheikh Murshidi）对这个梦进行了解析，并告诉伊本·巴图塔，他命中注定要遍访已知的伊斯兰世界。
1326

◀ 这幅13世纪的插图描绘了穆斯林朝圣者前往圣城麦加的朝圣之旅

穆罕默德·伊本·巴图塔

（1304—1369）

人物简介

伊本·巴图塔穿越伊斯兰世界，行程达数千千米，向人们描绘了14世纪初从西非到东方的社会景象。

他的冒险记录《伊本·巴图塔游记》，从沙漠到海洋，从高山到丛林，涵盖了他超过四分之一个世纪的探索。

尔，打算前往麦加朝圣。”伊本·巴图塔写道，“我独自上路，既没有可以相互鼓励的旅伴，也没有我可以加入的商队，但我内心有一种无法抑制的冲动，我一直渴望拜访这两处著名的圣地。所以我下定决心，要像鸟儿舍弃巢穴一样，离开我的亲朋好友，离开我的家，离开他们让我心情沉重，我们都为这段分离而感到悲伤。”

他的父母在有生之年再也没有见到他。

麦加朝圣之旅通常需要16个月。伊本·巴图塔在突尼斯市（Tunis）逗留了两个月后与一支商队会合，以防游牧强盗团伙的袭击。当他到达埃及的港口城市亚历山大（Alexandria）时，遇到了两个神秘人士。他们十分肯定地预言，伊本·巴图塔注定要成为一名环游世界的旅行者。

红海沿岸的艾哈布市（Aydhab）发生内乱，导致伊本·巴图塔无法穿越阿拉伯半岛，他绕了许多弯路，第一条弯路就是改道穿越叙利亚和巴勒斯坦。一路上，他访问了耶路撒冷、伯利恒（Bethlehem）和大马士革。在叙利亚首都待了一个月后，他继续向南前往麦地那，参观了先

到达麦地那
伊本·巴图塔经过巴勒斯坦的耶路撒冷和伯利恒，抵达大马士革，然后旅行1300千米到达先知穆罕默德墓地所在地圣城麦地那。
1326

前往伊拉克和波斯
伊本·巴图塔第一次麦加朝觐后没有返回丹吉尔，而是向东行进，前往伊拉克和波斯，并访问了巴格达，而后沿着著名的丝绸之路继续前行。
1327

冒险向南进入阿拉伯
第二次麦加朝觐结束后，伊本·巴图塔到达红海沿岸的吉达港，然后乘船驶向亚丁湾，他可能访问了今天也门的首都萨那（Sana'a）。
1330

非洲之角
摩加迪沙（Mogadishu）是一个规模庞大的贸易中心，伊本·巴图塔将其描述为“一个极大的城市”，来自很多国家的昂贵商品在这里交易，繁忙景象令伊本·巴图塔惊叹不已。
1331

通过陆路前往印度
伊本·巴图塔决定寻找机会为德里苏丹宫廷效力，他开始了艰苦的陆路跋涉，前往次大陆，而后穿越埃及，来到了今天的土耳其。
1332

▲ 伊本·巴图塔认为他的家族来自柏柏尔斯（Berbers）的拉瓦塔游牧部落，这个部落最初来自利比亚沙漠

知穆罕默德的陵墓，最终到达麦加。

完成必须完成的朝圣后（朝圣是穆斯林必须遵守的基本制度之一，每一位有经济实力和体力的成年穆斯林都有朝拜麦加的宗教义务），伊本·巴图塔在麦加停留了一个月。1326年秋，他没有踏上回家的旅程，而是向东朝波斯和伊拉克走去。在纳杰夫市（Najaf），他与前往巴格达的商队挥手告别，从而失去了他们的保护。六个月后，他沿着底格里斯河（Tigris River）来到了波斯湾附近的巴士拉（Basra）。第二年夏天，他又到达巴格达，加入了一支皇家商队，继续沿着丝绸之路前往今天伊朗北部的大不里士（Tabriz）和位于现代伊拉克和土耳其边境的摩苏尔（Mosul）。

1328年至1330年间，伊本·巴图塔再次前往麦加，然后，又去了红海沿岸的吉达（Jeddah），并从那里起航前往阿拉伯南部港口和非洲之角（Horn of Africa）。他冒险从繁荣的贸易中心摩加迪沙（Mogadishu）来到坦桑尼亚，他形容那里的小岛城市基尔瓦（Kilwa）是“建筑最别致、最美丽的城镇之一”。

伊本·巴图塔随后穿越霍尔木兹海峡和波斯湾，第三次访问麦加。其间他听说了一些关于富饶的东方的故事，他显然被这些故事吸引了。1332年，他又开始了一段漫长之旅。他沿着尼罗河流域向地中海方向前进，到达开罗，然后转向东北，穿过巴勒斯坦，沿途在以前到访过的几个城市稍作逗留。

埃及给这位旅行者留下了深刻的印象。关于开罗，他是这样描述的：“在那里，你可以找到各色各样的人：伟大的学者和无知而又有地位的人，轻浮的人，性格温和的人和脾气暴躁的人，享有盛名的人，完全被忽视的人。这座城市的人口如此之多，他们的流动让我想起了海浪。它是一座古老的城市，却依然活力四射。”

伊本·巴图塔一路经过了土耳其东部和中部的许多城市，进入小亚细亚（Asia Minor），又游览了克里米亚半岛（Crimean Peninsula），然后前往著名的金帐汗国西南部，这是蒙古人位于中南亚的伟大版图。据说，他曾跟随厄兹·贝格·汗（Öz Beg Khan）王室前往伏尔加河河口附近的阿斯特拉罕港（Astrakhan），抵达里海。实际上，学者们对他是否远赴北方意见不一。

君士坦丁堡这座伟大的城市是拜占庭帝国的首都，是东方和西方交会的十字路口，它在向伊本·巴图塔招手。1333年前后，他得知厄兹·贝格·汗的妻子，也就是拜占庭皇帝安德洛尼库斯三世·帕里奥洛古斯（Emperor Andronicus III Palaeologus）的女儿怀孕了，要回娘家生孩子，于是就加入了他们的队伍，这是他有生以来第一次冒险走出伊斯兰世界。他再次见到了厄兹·贝格·汗，并向这位统治者描述了他所看到的奇迹。伊本·巴图塔穿过今天的塔吉克斯坦、乌兹别克斯坦和阿富汗，凝视着兴都库什（Hindu Kush）险峻的山峰，艰难地穿过山口。他回忆道：“我继续前进，一座高山挡住了去路，山顶冰雪覆盖，非常寒冷。他们称之为兴都库什，意即‘印度人杀戮者’，因为大多数从印度带来的奴隶都因寒冷而葬身于此。”

在德里，伊本·巴图塔获得了富有的苏丹[①]穆罕默德·本·图格鲁克的赞助，并在当地伊斯兰法院当了两年审判员。然而，这位苏丹行为怪异，性格反复无常。在短短几年的时间里，伊本·巴图塔得到他的垂青，而后又失去了他的宠信。伊本·巴图塔曾多次试图离开，最后终于找

① 苏丹是伊斯兰教历史上一个类似总督的官职，作为称谓是最近才出现的翻译。它还有很多其他的译法，在古文中翻译为“素檀”“速檀”“速鲁檀”“锁鲁檀”等。

一位来到君士坦丁堡的穆斯林

1332年至1334年，伊本·巴图塔在拜占庭帝国的首都君士坦丁堡待了至少一个月的时间。后来，他护送安德洛尼库斯三世怀孕的女儿回娘家，从阿斯特拉罕（Astrakhan）出发，在伏尔加河上航行了三个星期，最后受到了这座城市贵宾般的欢迎。

他说："我们第一次参观了人们经常向我提及的圣索菲亚大教堂（church of Hagia Sophia）。这座建筑的外观很漂亮，装饰华丽，实在令人惊叹，建筑物顶部的巨大圆顶也是如此。我参观了这座建筑周围美丽的庭院，但是当我要进入大教堂时，我被告知必须在进入前向十字架下跪。当然，作为一名穆斯林，我拒绝这样做，所以他们不允许我入内。"

伊本·巴图塔还观看了一场君士坦丁堡竞技场的双轮敞篷马车比赛，但和实际的马车比赛比起来，他对周围的建筑和场地设计更感兴趣。城里有大量的基督教修女和修道院，这让他兴趣十足。在与几位基督教学者的讨论中，他发现他们是"志同道合的人，因为我们都有着对知识的渴求。我们就宗教、道德和哲学进行了长时间的辩论"。

伊本·巴图塔在旅途中几乎没有做什么记录，如果有的话，那就是他根据记忆口述的这本《伊本·巴图塔游记》。

到一个机会，担任驻中国元朝的使节。

前往中国的旅程困难重重，直到1345年，伊本·巴图塔才抵达中国南海沿岸的泉州。一路上，他参观了苏门答腊岛、马来半岛和位于当今越南的东南亚内陆地区。中国的壮丽及奇特而又诱人的文化让伊本·巴图塔着迷不已。他对精美的中国丝绸面料、充满异国风味的菜肴和高品质的瓷器印象尤其深刻，他误以为这些瓷器是用煤制成的。

伊本·巴图塔在中国各处旅行，从人口稠密的沿海城市杭州一直到北京，在那里他以德里朝廷大使的身份把自己介绍给皇帝孛儿只斤·妥欢帖睦尔（Toghon Temilr1320—1370）[②]。伊本·巴图塔于1346年返回泉州，前往麦加。前往麦加的旅途很艰难，但伊本·巴图塔决定不再绕道德里，因为他担心图格鲁克会再次挽留他。

② 孛儿只介·妥欢帖睦尔（Toghon Temür）蒙古语意为"铁锅"，大蒙古国第十五位大汗，即元惠宗，元朝第十一位皇帝，也是元朝作为全国统一政权的最后一位皇帝。

◄ 圣索菲亚教堂建于537年，是一座东正教教堂，1453年被改为清真寺

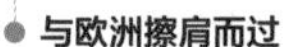

与欧洲擦肩而过
伊本·巴图塔向北航行，抵达黑海沿岸的克里米亚半岛，接着冒险前往位于今天保加利亚的博尔哈尔市（Bolghar）。
1333

可能到达的北部地区
伊本·巴图塔从博尔哈尔市遥望北方，他认为那里为冰雪覆盖，只有狗拉雪橇才能通过。
1334

前往基督教治下的君士坦丁堡
伊本·巴图塔抵达君士坦丁堡后，第一次体验到伊斯兰世界以外的文化，并得出结论，他和他遇到的基督教学者对知识有着共同的追求。
1334

为德里苏丹效力
苏丹穆罕默德·本·图格鲁
欢迎伊本·巴图塔来到德里
并任命他为伊斯兰法院审
员。然而，初来乍到的伊本
图塔发现，因为文化差异，
斯兰法很难在那里实行。
1334

除了接受过法律培训外，伊本·巴图塔还被公认为是一位杰出的植物学家。

▲ 也门萨那古城保留了其古老的特色。学者们对伊本·巴图塔是否访问过这座城市争论不休

中国的壮丽及奇特而又诱人的文化让伊本·巴图塔着迷不已……

1341 逃离印度

在短短几年时间里，伊本·巴图塔得到德里苏丹垂青，后来又失去他的宠信，然后他作为使节，踏上了前往中国的旅程。他差点儿在印度洋的惊涛骇浪中丢了性命，因为他的小船被狂风吹离了锡兰（Ceylon）。随后他又访问了东南亚，包括今天的越南、苏门答腊岛、马六甲（Malacca）和马来半岛。

1345 前往中国

伊本·巴图塔在中国南海沿岸城市泉州登陆，并从那里前往杭州、北京等地。他听说过长城，欣赏东方文化。

1349 回到丹吉尔

将近四分之一个世纪后，伊本·巴图塔回到丹吉尔，但遗憾的是，父母都去世了。他又踏上了前往西班牙的旅程，后来穿越撒哈拉沙漠前往马里王国（kingdom of Mali）。

1354 口述探险故事

伊本·巴图塔根据记忆口述了他遍访伊斯兰世界和基督教世界的奇妙故事，成就了一部伟大的作品，简称《伊本·巴图塔游记》。他大约于1369年去世。

1369

▼ 一匹像伊本 · 巴图塔时代丝绸之路上的骆驼，站立在一座华丽的陵墓前

▶ 1334年前后，拜占庭皇帝安德罗洛尼库斯三世欢迎伊本·巴图塔来到君士坦丁堡

到了麦加，他终于决定返回摩洛哥。三年后，当伊本·巴图塔长途跋涉从中国回到达丹吉尔时，黑死病正在欧洲和北非肆虐。停留不足一年，这位不甘于安稳生活的旅行者又踏上了前往直布罗陀（Gibraltar）和西班牙格拉纳达（Granada）的道路。他冒险穿越贫瘠的撒哈拉沙漠，来到马里帝国，又沿着尼日尔河，骑着骆驼前往传说中的廷巴克图市（Timbuktu）。1353年秋天，伊本·巴图塔启程返回摩洛哥，并于第二年年初到达。

关于伊本·巴图塔生平的唯一真实信息就记载在他著名的旅行记录《伊本·巴图塔游记》里。

伊本·巴图塔随后向伊本·犹札（Ibn Juzayy）讲述了他的冒险经历，伊本·犹札是一位值得信赖的文士和学者。经过几个世纪的研究，一些专家得出结论，《伊本·巴图塔游记》一书的部分章节借用了别人旅行记录中的描述。然而，它仍然具有开创意义。

在生命的最后几年里，伟大的旅行家伊本·巴图塔再次被任命为摩洛哥的伊斯兰法律审判员。1369年，伊本·巴图塔去世，享年65岁。

中国宝船船队的七次航行

中国 1405–1433

从1405年开始，中国宝船船队进行了七次英勇无畏的海上航行。在探险家郑和的带领下，从第一次探险到1431年船队的最后一次航行，这七次海上航行把中国的影响从印尼扩展到了非洲。

该舰队于1403年受明成祖派遣进行远征，太监郑和被明成祖任命为船队首领。正使太监郑和身材魁梧高大，身高一米八，他十岁时被俘，后来因为在明成祖夺位战争中有功，获得了皇帝的宠信。作为一名值得信赖的顾问，他担负起了开辟新贸易路线的责任。郑和下西洋的另一个主要目标是巩固中国在阿拉伯和东非的强大地位。

郑和身材高大，威风凛凛，而他指挥的船队更是给人留下了深刻的印象。船队最大的船只长约71米，有些人认为它们甚至可能长达137米，可乘载几百名船员。

舰队先开往今天的越南，然后驶向爪哇（Java）、马六甲、苏门答腊、安达曼（Andaman）和尼科巴群岛（Nicobar Islands）、锡兰（Ceylon）、加尔各答（Calcutta），最后返回中国。初次航行并非一帆风顺，比如在锡兰，郑和意识到他们不受欢迎，舰队被迫掉头返航。在返航途中，他在印尼巴领旁（Palembang）与令人闻风丧胆的海盗陈祖义展开了战斗。陈祖义被生擒，囚于船上，成为这次航行巨大收获的一部分，船只还从他们访问过的国家捎上了一些外国使节。回到中国几个月后，郑和二次起航，护送外国使节回家，历时两年。

1409年，郑和第三次统领船队出航，此次航行仍走初次航行的路线，耗时两年。

1412年，他们又进行了一次更为艰苦的旅程。第四次航行前往阿拉伯半岛，然后继续驶向非洲，在霍尔木兹、亚丁（Aden）、马斯喀特（Muscat）、摩加迪沙和马林迪稍作停留，舰队带回了包括长颈鹿在内的闻所未闻的珍宝和财富。后来，皇帝又命令郑和进行了两次航行，沿途还停靠了一些新的地方。

当舰队出海时，皇帝明成祖北征蒙古，结

果死于班师回朝的途中。尽管舰队带来的益处多多，但郑和船队的航行费用却非常昂贵，于是新皇帝（明仁宗朱高炽）便下诏停止下西洋航行。

明仁宗的儿子登基后，又组织了郑和最后一次史诗般的远征。

1430年开始的第七次航行花费了三年时间，停靠了17个港口；我们甚至有理由相信，他先于欧洲的船队绕过非洲好望角。这次航行是郑和最后一次下西洋，因为这位船队指挥官在返程途中去世，永眠在了海上。在他的领导下，舰队不仅开辟了新的贸易路线，而且使得中国成为一支不可忽视的力量。

船只类型

主力船：宝船

维修船：马船

护卫船：战船

宝船

船员：约1000人

这些宝船船身可能长达137米，宽55米，其设计目的是运载大量货物。

优点：可以运送大量的货物和人员

弱点：不太灵活

马船

船员：约100人

马船大小约为大型宝船的三分之二，设计目的是用于运送马匹、修理设备和宝船装不下的贡品。

优点：可以引领船队，进行维修

弱点：不适合战斗

战船

船员：约75人

装载大米和士兵的船只规模较小，而最小的船只是专门为战斗而设计的战船。它们的长度约为50米。

优点：机动性强，可以保卫舰队

弱点：容量小

加尔各答

印度加尔各答是当时亚洲最大的贸易中心之一，也是郑和第一次下西洋的最后一站。对郑和的船队来说，这将是一个至关重要的港口，他们刚刚被迫离开锡兰，这个港口对他们来说尤其重要。郑和要在这里完成双重使命——开展有利可图的贸易，将中国建设成一支不可忽视的力量。据说，他们的船队在加尔各答停留了很长时间，然后满载贵重物品和外国使节返回中国。

马林迪

在郑和后来的几次航行中，船队到达了东非的几个港口，但一般认为他们是在肯尼亚的马林迪把长颈鹿带上船的。这些动物给水手和皇帝本人留下了深刻的印象，因为它们与中国神话中的麒麟极其相似，寓意吉祥。中国有个关于麒麟的传说：一只麒麟看望了圣人孔子怀孕的母亲，它口吐玉书，告诉孔子母亲她的孩子会很伟大。后来，一个马车夫撞伤了一只麒麟，预示着孔子将不久于人世。郑和把长颈鹿带回中国，说明永乐大帝为万民敬仰。

霍尔木兹

最赚钱的港口可能是加尔各答，最具异国情调的贡品可能来自东非，但霍尔木兹港仍然极其重要，因为霍尔木兹是通往波斯湾的门户，从霍尔木兹可以通过多条陆路路线前往伊拉克、伊朗和中亚的许多其他城市。郑和船队横渡2250千米的阿拉伯海到达霍尔木兹，受到了当地商人的欢迎，水手们发现，来这里以物易物的人都富得流油。作为中东最大的贸易点之一，这个伟大而又有影响力的港口丝毫不向竞争对手掩饰自己的地位和身份。

南京

郑和船队第一次于1405年7月11日从南京起航，两年后返回南京。当时南京是地球上最大的城市之一，永乐大帝一心想要让世界其他地方承认中国的地位。

归仁

郑和船队的第一站是占城（Champa）首府维贾亚（Vijaya），位于现在越南归仁市（Qui Nhon）附近。占城是该地区的贸易中心，也是香料之路的一部分，与阿拉伯和印度支那船只进行贸易。这里是郑和的定点停靠港。

爪哇

和归仁一样，爪哇也是贸易路线的关键部分。满者伯夷帝国（Majapahit Empire）虽然以前专注于农业生产，但当时已经把注意力转向了贸易，打造了一个无比繁荣的港口。郑和船队到达的时候，正值该王国政局动荡之际，郑和船队也随之成为其权力结构的重要组成部分。

巴领旁

尽管郑和在爪哇岛成功地避开了海盗陈祖义，但在第一次返航途中的巴领旁还是遇上了。陈祖义假装投降，只是为了登上中国船只，意图袭击郑和船队。然而，他的计划失败了，海盗被带到中国枭首示众。

锡兰

1405年郑和第一次访问锡兰时，外交失败，被充满敌意的阿拉克什瓦拉将军（General Alakeshwara）拒之门外。然而，在第三次航行中，郑和做好了准备，打败了将军，舰队在随后的所有航行中都在锡兰停靠。

亚丁古城

也门位于一座长期休眠的火山口上，中国急需这样一个军事盟友。这座城市很重要，因为它位于欧洲和印度之间的贸易路线上。事实上，成祖皇帝之所以派了两位特使陪同郑和首次访问也门，正是因为中国人高度重视这个地方。

好望角

威尼斯制图师弗劳·毛罗（Frau Mauro）宣称，郑和船队实际上在1433年的最后一次航行中绕过了好望角。这一观点还没有得到最终证实，如果这是真的，那么中国人做到这一点比任何欧洲船队都要早。

关键人物

探险家：郑和

皇　帝：朱棣

海　盗：陈祖义

郑和

1371—1433

郑和出生于波斯家庭，十岁时在战争中被俘虏，被送去为朱棣皇子效力，朱棣皇子就是后来的永乐皇帝。郑和在军中证明了自己，升任为内官监太监，成为朱棣最亲密的顾问之一。

永乐皇帝

1360—1424

永乐皇帝名叫朱棣，他的权力之路充满了艰难险阻，当时，针对他的谣言四起，攻击不断，他必须与这些谣言和攻击做斗争，最后暴力篡夺了建文帝的皇位。他重建了中国并将首都迁至北京，改年号为“永乐”，意即“永远快乐”。

陈祖义

？—1407

陈祖义是东南亚最令人闻风丧胆的海盗之一，他盘踞在马来西亚槟城（Penang）和马六甲海峡之间。就连郑和的船队也在他的多次突袭行动中连连失利。郑和向陈祖义下了战书，希望和他来一场公开的战斗。陈祖义接受了挑战，结果被枭首示众。

探索发现时代

探究那些惊人而又痛苦的探索旅程，
正是这些旅程为欧洲统治世界打开了大门。

76 “航海者”亨利

85 克里斯托弗·哥伦布

96 瓦斯科·达·伽马

102 瓦斯科·努涅斯·德·巴尔博亚

108 胡安·庞斯·德莱昂

112 埃尔南·科尔特斯

118 探索发现时代的勇士

120 费迪南德·麦哲伦

127 伊丽莎白宠信的海盗是如何偷走都铎帝国的?

138 都铎之旅

142 维他斯·白令

146 澳大利亚是如何被发现的?

156 新西兰之旅

166 库克船长

172 发现美国西部

180 “小猎犬号”航海记

188 富兰克林探险悲剧

195 大卫·利文斯通

200 约翰·汉宁·斯派克

303
304
305
306
307
19
18
17
16
14
13
S
SW
W
NW
NE
E
SE

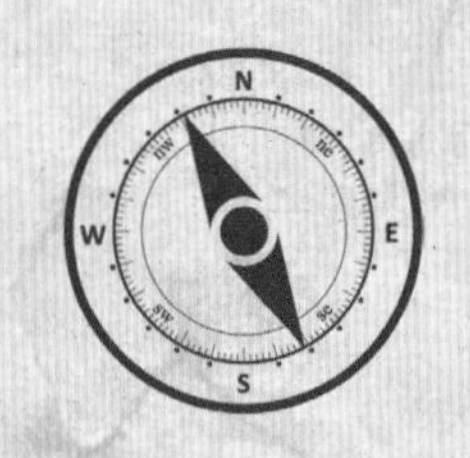

"航海者"亨利

长期以来，由葡萄牙王子、"航海者"亨利资助的航海事业一直被视为欧洲全球扩张时代的基石。

1415年8月，葡萄牙摆脱强大邻国卡斯蒂尔（Castile）的控制，使这个贫穷弱小的国家震惊了欧洲各个超级大国。一支葡萄牙舰队穿过直布罗陀海峡，洗劫了摩洛哥海岸的穆斯林港口休达（Ceuta）。这座新兴的城市是伊斯兰北非的花朵，也是通往异国他乡的门户。然而，就在它被血洗占领的三天后，它丰富的黄金储备也被锁进了葡萄牙的金库，入侵者们陶醉于征服带来的物质和精神回报中。葡萄牙的国王原来穷得连自己的铸币都造不出来，现在却令人刮目相看。葡萄牙正在崛起。

为了进一步推动葡萄牙扩张，亨利广纳学者和专家，摒弃了种族、宗教和信仰的偏见。

国王若昂一世（King João I）又叫国王约翰，他还被人夸张地称为"私生子约翰"。他让他的三个儿子参与了对休达的围困和洗劫，他的同胞们双手沾满了异教徒的鲜血。亨利（Henrique）王子首先发现，如果能深入到这片"黑暗大陆"，巨额财富将成为葡萄牙的囊中之物。如果说国王约翰洗劫休达是葡萄牙扩张的基石，那么他儿子亨利的远征则是建立帝国的支柱。

亨利出生于1394年，父亲是约翰国王，母亲是兰开斯特（Lancaster）的英国贵妇菲利帕（Philippa）——金雀花王朝关键人物约翰的女儿。尽管当代传记作家对亨利的年轻时光一笔带过，但很明显，亨利的母亲为他讲述了金雀花王朝先辈的骑士功绩，正是这些先辈的丰功伟业极大地提高了英国在欧洲的威望。当她的三个儿子被封为爵士时，都选择了盎格鲁-诺曼语座右铭，亨利

人物简介

航海家亨利

1394—1460

葡萄牙王子因资助大西洋岛屿和非洲西海岸的探索之旅而闻名于世。英国作家们给他起了"航海者"的绰号，实际上他们用词并不恰当，因为虽然亨利确实对绘制地图有着浓厚的兴趣，但实际上他并没有进行远洋航行。

► 亨利的母亲通过与约翰一世的婚姻建立了英葡同盟

选择的是“追求丰功伟绩”。这个座右铭表明他对骑士守则很感兴趣，征战永远是一个合他心意的话题。

1416年2月，国王约翰任命亨利监管所有与休达防御和治理相关的事务，这是一项重要举措，现在，亨利在一个大多数欧洲王子从未直接接触过的世界里拥有了既得利益。当摩洛哥和格拉纳达的穆斯林盟军试图联手夺回这座城市的时候，亨利带着全副武装的部队启航驰援。等他到达时，葡萄牙驻军已经将围攻者撵走。尽管如此，这次出征还是增强了亨利远征的热情。

他渴望得到格拉纳达，历史似乎表明，他把王室用于维持休达的资金用在了刀刃上，这些资金并没有用于平淡无奇的行政事务，如让城市保持战备状态。相反，亨利把对异教徒采取积极行动视为自己职责的一部分，他资助他的海盗船对抗摩尔人的航运，还让他的商船驶向非洲海岸。

1420年，亨利的父亲得到了教皇的许可，允许葡萄牙王室对军事远征发号施令，这进一步激励了亨利，远征带来的财富使葡萄牙的国库变得十分充盈。基督精英骑士团是一个特殊的群体，是葡萄牙圣殿骑士团（Portuguese Knights Templar）的继承者，它处于亨利的直接行政控制之下。担任这样一个显赫团体的行政大统领很符合亨利把自己当作骑士的自我定位，这也为他提供了一笔可观的额外资金，他可以挪用这些资金来实现自己的雄心壮志。

事实上，就在亨利接管这个骑士团后不久，他就宣布他一直在研究大西洋的海图，并表示他对北非沿海的两个群岛（加那利群岛和马德拉周

▲ 为了纪念亨利去世500年而建立的航海纪念碑

围的群岛）特别感兴趣，这让王室成员感到震惊。那个时候，他对进一步入侵伊斯兰世界依然热情高涨。我们还不清楚亨利为何对探索如此感兴趣，他的动机似乎不是为了进行科学探索，而是为了增加财富和个人声望。

圣徒传记《发现和征服几内亚编年史》记录了亨利王子的星座运程，也许这是他对海洋发现感兴趣的一个重要原因。

当时，加那利群岛已经属于欧洲的势力范围，当地的土著居民和基督教殖民者生活在卡斯蒂利亚王国的保护之下。但亨利对此并不认可，并于1424年派遣了一支庞大的军事入侵部队。有人说他希望让异教徒皈依基督教，这一说法似乎有些牵强。之后的几年里，他在几内亚进行了奴隶贸易行动，这似乎表明他的远征具有一个更为邪恶的动机。其实，这并不是欧洲人第一次为了得到奴隶而前往加那利群岛。

后来人们得知，这次远征失败了，武装原始落后的土著居民把葡萄牙人打跑了，这令亨利感到尴尬万分。虽然失败了，但亨利王子在加那利群岛站稳脚跟的愿望丝毫没有减弱，在接下来的30年里，他为了征服这些岛屿进行了多次殖民战争，结果都无功而返。

另一方面，他在马德拉（Madeira）的活动更为成功，一个重要原因是那里无人居住。按照编年史家祖拉拉（Zurara）的说法，是亨利的随从扎尔科（Zarco）和特谢拉（Teixeira）发现了马德拉及其邻近的桑托港岛（Porto Santo），其实这充其量只是一次再发现。人们认为，第一批葡萄牙殖民者在1425年左右就抵达马德拉了，他们发现那里土壤肥沃，适合殖民。殖民主义早期的特点是种植业兴旺发达。

亨利对大西洋岛屿的兴趣也一直不减，1439年，他请求国王派人到亚速尔群岛定居，并获得了批准。亚速尔是由七个岛屿组成的群岛，与亨利早有渊源，因为亨利早在1425年就开始了对这一群岛的探险远征。和马德拉一样，这一殖民地的景象一片繁荣。

在大西洋群岛上取得的成功让亨利热血沸腾，但他的雄心壮志却在更远的南方，他希望“在比夕阳更远的地方、在西方星斗照耀不到的地方航行”。1425年至1434年，他多次派人前往非洲西海岸执行任务，并指示要航行出已知的世界，开辟新的领域，探险队最远到达博贾多角（Cape Bojador）。博贾多角伸入大西洋，距离丹吉尔西南1000英里，距离加那利群岛南部100英里。因为传说和谣言，这个海角笼罩着一片神秘色彩。

▲ 巴塔利亚修道院亨利王子墓

在那里，悬崖轰然崩塌，沉入海中，湍急的水流互相碰撞形成巨大的旋涡，银鱼在水面下闪闪发光。海浪拍打着礁石，而这里的内陆沙漠看起来和地狱一样贫瘠荒芜。对许多水手来说，博贾多角就是“有去无回角”。然而，亨利却毫不在意，他深信可以越过海角。为此，他派遣军队进行了不少于15次远征，结果都失败了。

伊恩尼斯（Eannes）是亨利的一位果敢坚定的随从，他证明了亨利王子的正确。亨利重新为伊恩尼斯制定了一条路线，要求他一看到博贾多角的浅滩、浪花和闪闪发光的沙丁鱼，就往西航行，驶向大海深处。然后当他远远离开这个无法通行的海角时，才向东转，接近陆地。伊恩尼斯按亨利的方法这样做了，安全地下了船，并从撒哈拉海岸采集了几株乱蓬蓬、脏兮兮的植物，然后开始规划返程路线图。他一回到葡萄牙就受到了英雄般的欢迎。

亨利因为自己的成功预言赢得了人们的高度赞扬，成了一位远近闻名的制图师和航海家，至少在葡萄牙是这样的。现在的学者们认为，亨利之所以对绕过博贾多角充满信心，是因为他读了《已知世界之书》（*Book of the Known World*）。这本书是匿名的，内容完全是虚构的，讲述的是一位卡斯蒂利亚人在一幅现已丢失的世界地图的指引下探索冒险的故事。这本书中不止一次提到了作者在博贾多角以外的旅行，和许多那个时代的人一样，亨利极有可能对这本书中的描述深信不疑。

亨利的哥哥佩德罗（Pedro）在欧洲旅行期间得到了《马可·波罗游记》的译本，并把它送给了亨利。

不管怎样，亨利现在能够派遣更多的远征队到博贾多角以外的地方去，他希望可以在那里驻扎军队，然后打着十字军的旗号进军内陆，把上帝的话语传播给异教徒和非基督徒部落。他甚至希望找到传说中的印度群岛（当时指东北非洲的土地）基督教皇帝普雷斯特·约翰（Prester John），并与他结成联盟对抗来自撒拉逊的敌人。亨利一生都梦想着能找到这位传说中的统治者，毫无疑问，实现这一梦想是他探索远征的一个重要组成部分。

然而，远征军在丹吉尔遭受了一次惨败，而他哥哥杜阿尔特国王（King Duarte）也去世了。摄政时期的情况变得复杂起来，亨利的雄心壮志也因此搁置一边。直到1441年，亨利才重新开始探索西非海岸。他派一些船长前往里约热内卢-德奥罗一带继续探险，其他船长奉命继续往南走，他们很快就发现了布兰科角（Cape Blanco），并对它怀抱里的大海湾进行了探索。

亨利得到了教皇和王室的同意，继续他的远征，远征军于15世纪40年代登陆，亨利饶有兴致地记录了葡萄牙军队的军事行动，但是在现代人看来，全副武装、训练有素的欧洲军队痛击

远征使用的卡拉维尔帆船

“当今在海上航行的船只中，葡萄牙的卡拉维尔帆船是最好的，它们可以驶向任何地方。”意大利探险家卡达莫斯托（Cadamosto）写道，他经常在亨利的赞助下旅行。诚然，这些船只在葡萄牙海外扩张过程中功不可没。

西非海岸探险的一大障碍是如何阻碍返程的西北风。然而，卡拉维尔帆船可以通过它的帆装（船桅和风帆等的安装模式——译者注）解决这个问题，因为它的船帆是三角帆，从一个斜挂在桅杆上的长帆桁（帆船上用以支撑帆的木杆。其中间点通过绳索滑车组挂在桅杆上，主要作用为调整帆的高低和支承帆的重量；其两端则通过绳索和滑车组直接由人控制帆受风的方向）上垂下。这使得卡拉维尔帆船能够在离风更近的地方航行，而且比起传统的方形帆船船只，它能够对轻得多的微风做出反应。

卡拉维尔帆船船体光滑，它不是由圆木叠加组成，比传统的船只要窄得多。它吃水很浅，轻便灵活速度快，使得它非常适合在阿尔金河岸的浅滩上航行，也适合在非洲的河流水系上缓慢前行。在逃避穷凶极恶的海盗时，它的速度就派上了用场。亨利的船队使用的大部分卡拉维尔帆船载重量为四五十吨，许多帆船都装有大炮。由于风俗和迷信，葡萄牙卡拉维尔帆船船头两侧各画一只眼睛。据说，许多非洲土著人认为这些眼睛是船只的一个装置，可以让船只随时在未知水域航行。

◀ 探索发现时代标准葡萄牙卡拉维尔帆船

朽戈钝中的渔夫和游牧民族牧民似乎没有骑士风度。亨利的部下抓捕了一些当地部落成员，对他们严加审问，这也是司空见惯的事情，因为王子想进一步了解海岸和岸边沙漠的情况。

1437年对丹吉尔远征失败，亨利的哥哥费尔南多（Fernando）被当作人质留在了那里，结果被囚禁至死。费尔南多的死一直困扰着亨利。

然而，远征任务在1444年经历了一个转折，因为这一年有一个任务，其目的是完成一个具体的、更险恶的计划。亨利的心腹兰卡罗特·达·伊尔哈（Lancarote da Ilha）组织了六艘船只，奉命到布兰科角以南阿尔金海岸（Arguin Bank）的岛屿上劫持奴隶。虽然资助这次远征的是兰卡罗特（Lancarote），但他需要得到亨利的同意，因此，亨利王子也是他的同谋。编年史家祖拉拉参加了1444年8月对这些奴隶的拍卖，记录了人类的苦难和壮观的场面。

亨利参与了奴隶贸易，这长期困扰着他的传记作者。祖拉拉等为王子辩护的人指出，亨利是为了让这些人皈依基督教；还有一些人认为，非洲人作为战俘成为奴隶理所当然；威尼斯和热那亚都实行奴隶制，而摩尔人则经常将他们的囚犯卖为奴隶；甚至备受推崇的奥特雷默十字军战士也雇用被俘虏的穆斯林，充当他们庄园的苦工。然而，亨利有更好的理由为自己的行为辩护：奴隶贸易的经济效益相当可观，并有助于进一步的探险。

1445年，约翰·费尔南德斯（João Fernandes）起航，这次探险不是为了得到奴隶。费尔南德斯在奥罗河（Rio de Oro）登陆，经历了多次冒险后，他带着消息回到了葡萄牙，称南方土地肥沃，人口富庶，砂金遍地。1444年迪尼斯·迪亚斯（Dinis Dias）抵达佛得角，而努诺·特里斯唐（Nuno Tristao）于1446年抵达冈比亚河（Gambia River）河口。

在接下来的十年里，迪奥戈·戈麦斯（Diogo Gomes）及受亨利资助的意大利探险家阿尔维斯·卡达莫斯托（Alvise Cadamosto）等人继续沿着非洲海岸航行，过了佛得角，还深入到了几内亚海岸撒哈拉以南的土地。亨利在《马可·波罗游记》中读到了盛产丝绸的香料之地，他相信他的船只很快就会绕过非洲大陆的最南端，朝着香料之地驶去。

在生命的最后几年里，亨利征战的野心逐渐转向了离家较近的地方，试图在摩洛哥再次对异教徒发动战争，但是他对远征非洲的兴趣并没有完全减退。直到1460年亨利去世，葡萄牙对非洲海岸的兴趣才有所减弱。然而在15世纪40年代若昂亲王（Prince João）登基后，葡萄牙很快又恢复了远征非洲的激情。在若昂亲王的资助下，迪奥戈·卡奥（Diogo Cao）于1482年发现了刚果河，六年后，巴托洛梅乌·迪亚斯（Bartolomeu Dias）终于到达了非洲大陆最南端的好望角。

这个富有冒险精神的国家并未就此罢手。1494年与西班牙签署的《托德西拉斯条约》表明，葡萄牙已经意识到南大西洋上土地的存在，不过直到1500年，佩德罗·阿尔瓦雷斯·卡布拉尔（Pedro Alvares Cabral）才登陆巴西。同时，1498年，瓦斯科·达伽马成为第一个通过海路到达印度的欧洲水手。1510年，继而，葡萄牙人占领了果阿（Goa），在印度次大陆的西海岸建立了立足点。葡萄牙人又从印度洋进入中国海域，并于1557年强租澳门，建立了一个永久性基地。在短短100多年的时间里，由于亨利最初的推动，葡萄牙这个资金短缺的弹丸之地为欧洲商业打开了世界市场，并将自己置于中心地位。

非洲海岸的回报

非洲大陆拥有各种各样的财富，欧洲人对它们觊觎已久。

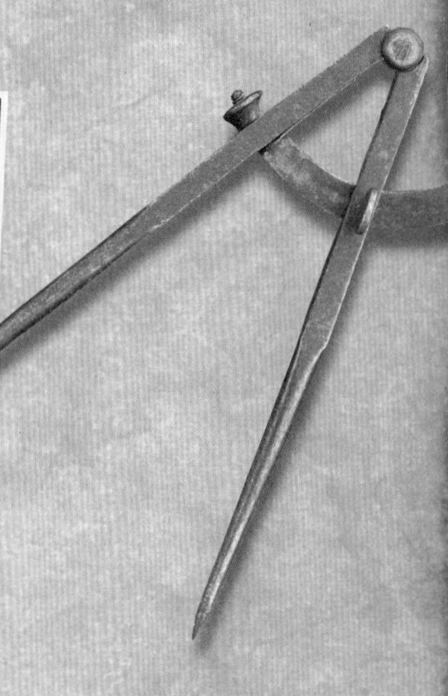

1. 奴隶

葡萄牙的奴隶贸易已经高度发展，为此，亨利下令于1448年前在阿金岛上建造一座城堡和仓库。

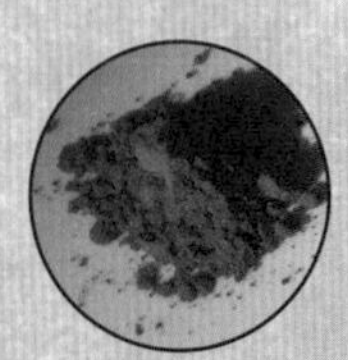

2. 龙血

龙血树的树脂非常珍贵，被广泛应用于印染工业，许多人前往加那利群岛就是为了得到它。

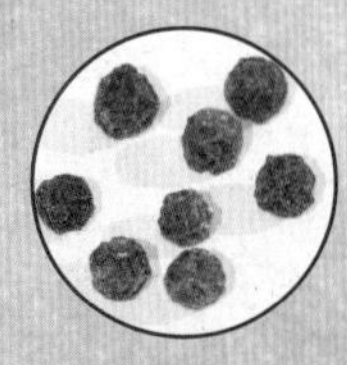

3. 香料

在亨利时代，“香料”一词涵盖了多种药物、香水和化妆品，但它主要用于描述胡椒等调味品。

4. 黄金

黄金是大规模海外扩张的主要动力。在亨利时代，黄金通常从撒哈拉沙漠以外的几内亚冲积矿场通过骆驼商队运到欧洲。

哥伦布得到了西班牙阿拉贡国王费迪南德二世和卡斯蒂利亚王后伊莎贝拉的庇护，他们同意资助他探索新世界。

克里斯托弗·哥伦布

探险家·偶像·杀人犯

克里斯托弗·哥伦布在定义新世界的过程中发挥了重要作用，但他有没有使用残忍血腥的铁拳统治他新发现的土地呢？

克里斯托弗·哥伦布的父母是热那亚中产阶级——羊毛织工。哥伦布可不是普通的孩子，他努力好学，喜欢寻根究底，在他意大利海滨的家中收藏有商人和海员送给他的各式各样的地图和海图。这些地图和海图上有许多复杂的标记，空白的地方在呼唤着他，他幻想着能填补这些空白，并享受这些发现所带来的荣耀。在那个时代，未知的东西会让许多人担忧不安，但他却恰恰相反：未知吸引着他，让他着迷。哥伦布的父亲看到长子身上罕见的坚韧和毅力，于是花光家里的积蓄，把他送到了帕维亚大学。在那里，他学习语法、地理、几何学、天文学、航海和拉丁语——尽管学习紧张，但仍然阻止不了这位年轻的热那亚人的思维在地图上空白的地方游荡。这种渴望将永远定义他的生活。

1470年，哥伦布获得了一份学徒的工作，担任热那亚三大家族的商业代理。他学识渊博，在逆境中坚韧不拔，这使他成为一个极富雄心壮志的商人。哥伦布很快就成了船长，带领船只在大海上乘风破浪。因为工作的原因，他遍访文明世界的各个角落：里斯本、布里斯托尔（Bristol）、高尔韦（Galway）、西非，甚至冰岛的定居点，这些地方成了他经常停靠的港口。哥伦布虔诚至极，也慢慢地因锲而不舍的精

神而闻名。哥伦布多年来一直在这些已知的土地上从事贸易和商业活动，但是他发现自己的思想总是游离在那些他小时候仔细研究过的、仍有空白的地图上。那些传说中的土地拥有无尽的财富，唯一阻止他脚步的只有金钱。是时候找一位赞助人了，得找一位极其富有的赞助人！

多年来，欧洲与东方保持着疏远而又共赢的贸易关系。虽然处于四处扩张的蒙古帝国的统治下，但是欧洲贸易商队仍可以通过一条相对安全的道路前往中国，这就是人们所知的丝绸之路。当时君士坦丁堡落入土耳其人手中，在丝绸之路上海盗猖獗。前往东方的道路太危险了，即使对最强硬、最冷酷的船长来说也是如此。哥伦布着手寻找一条通往印度和亚洲财富的新路线，并为实现这一目标制订了一个简单的计划：向西横渡大海洋（Ocean Sea，15世纪和16世纪大西洋的名字）。

由于地图的一部分在西方海图上仍然没有标注，所以，学者、地理学家和海员的观点是有偏差的。一些人坚持认为地球是一个扁平的圆盘，还有一些谣传中的神秘大陆和岛屿，这些神秘大陆和岛屿位于风暴肆虐的海洋之外。即使哥伦布自己的理论也极不准确，但他兢兢业业，坚持不懈，最后脱颖而出。他最终获得了西班牙阿拉贡国王费迪南德二世和王后伊莎贝拉的庇护。他们同意资助哥伦布探索新大陆，并声称新大陆是一个统一的天主教西班牙。

1492年8月3日上午，哥伦布率领一支由三艘大船和两艘卡拉维尔帆船组成的小分队，从帕洛斯德拉弗伦特拉扬帆启航。海面波涛相对平静，船队乘风破浪，很快到达了加那利群岛，船只补给完毕便启航前往日本。船只在狂风和惊涛骇浪中左摇右晃，预定的航线被热带风暴拦腰掐断，海员们应付热带风暴的经验也不足。10月12日，船上的士气已降至低点，情况十分危险——有人在暴风雨中溺水身亡，桅杆被猛烈的大风拦腰吹断，甚至还爆发了一场小规模的船员哗变。哥伦布坐在他的船舱里，凝视着他面前的地图。他知道他们的航线已经被打断，但最困扰他的是，船只在海上航行的时间太久，他们早就应该踏上新的土地了。留给他们的时间不多了。

突然，站在高处的一位水手尖声叫道："陆地！快看啊！陆地！"哥伦布离开了他的办公桌冲了出去，蜡烛被碰倒了，文件在他身后飞舞，葡萄酒洒了一地。他已经在闷热的船舱里不知待了多长时间，外面海水晃荡，浪花飞溅到他的脸上，他感到隐隐作痛，但一想到马上要见到陆地了，他很快就冲上了船尾甲板。他眯着眼，第一次看到了一个崭新的世界。远处绿意盎然，沙滩浅白，一种颜色奇特的鸟儿在树顶上盘旋。就在这时，哥伦布看到了他们：皮肤黝黑的男人和女人正在观望，大多数人几乎一丝不挂，手里握着长矛和弓箭。

几个小时后，三艘船都在安全距离抛锚，船员也都安全登陆。哥伦布踏上了沃特林岛（Watling Island，后来成为巴哈马群岛的一部分）的土地。他把它命名为圣萨尔瓦多（San Salvador），并以西班牙的名义宣示了主权。在接下来的几天里，哥伦布访问了岛上的三个主要部落：泰诺（Taino）、阿拉瓦克（Arawak）和卢卡扬（Lucayan），并很快和他们熟络起来，也了解到了这个新伊甸园的很多事情。只有另外一个部落对船队充满敌意，这个部落住在一个遥远的岛屿上，偶尔会登陆袭击，抢夺奴隶。哥伦布在他的一篇日记中说："我派50人就可以征服他们，管理他们也是小菜一碟。"哥伦布并没有把他们当人看，而是把他们看作可以带回西班牙的战利品。虽然这种态度看起来冷酷无情，但在那时候，这是一种常见的态度，正是这种态度最终推动了奴隶贸易，并让奴隶贸易持续了数百年。在圣萨尔瓦多停留一周后，船队开始探索周围水域，最终抵达古巴北部海岸，然后于1492年12月5日在伊斯帕尼奥拉登陆。

伊斯帕尼奥拉比他登陆的第一个岛屿大得多，哥伦布相信他已经找到了自己遗产的源头。他用了几个星期的时间就在岛上建立了一个定居

浪花上的生活

15世纪的航海是一种什么样的体验？

船舶外科医生

150吨级的船上充满了危险。大炮可能会走火，断掉的桅杆和摇摆的索具可能会砸伤船员，各种疾病可能会侵袭船员。所以船上的外科医生职责重大，要确保船员足够健康，以履行船员的职责。

水手长

水手长是船上最重要的成员之一，他们肩负的责任更重，面临的危险也就更大。水手长通常是三副或四副，负责对船的甲板进行维护，确保船帆和索具保持最佳状态。在紧急情况下，水手长必须身先士卒，第一个到达现场。

普通海员

船员们戏称普通的海员为"擦地工"，海员们在"圣玛丽亚号"上做着最糟糕、最艰苦的工作：泵吸和清除舱底（船最底层舱室中容易积水），解开打结的索具，把甲板擦洗干净。这些只是他们日常事务的一部分。

点——拉纳维达（La Navidad），又从最信任的海员中精挑细选出一批船员，命令他们于12月25日乘坐“圣玛丽亚号”向北航行，进行更多的探索侦察。

1493年1月13日，哥伦布会见了瓜卡纳加里（Guacanagari）伊斯帕尼奥拉的卡里克（泰诺人大首领），他答应了哥伦布留下39名船员定居的要求。然后哥伦布开始返回，几天后到达萨马纳半岛（Samana Peninsula），在那里他遇到了雪瓜部落，这个部落很不友好。岛上的首领拒绝让哥伦布建立定居点，冲突很快就爆发了，两名船员被杀。作为惩罚，哥伦布俘虏了30名部落成员，并启航返回西班牙，只有七名俘虏在返回欧洲的长途旅行中幸存下来。

回到西班牙后，哥伦布带回的日记、地图、水果、香料、黄金和土著俘虏都成为欧洲人的谈资。哥伦布发现了欧洲和亚洲之间的新大陆，证据就摆在面前，确凿可靠，不容怀疑。因此，伊莎贝拉和费迪南德很高兴地授予了哥伦布先前允诺他的头衔，他成了公海上将及他发现的所有土地的总督和管辖者。为了确保向伊斯帕尼奥拉的扩张，哥伦布很快就派他的兄弟巴托洛梅奥（Bartolomeo）和一批水手、士兵及商人前往那里。

▼ 1492年，哥伦布首次登陆美洲大陆

▼"圣玛丽亚号"是哥伦布船队中最大的一艘船，其甲板长17.7米

拉纳维达定居点被泰诺人夷为平地，烧成灰烬，可是这些泰诺人一年前还非常宽容、好客。

1493年9月24日，哥伦布开始了他的第二次重大航行。这次远征的路线更靠南，船队看到了巴哈马群岛的其他岛屿，并在牙买加停留。11月22日，哥伦布带领由17艘船只组成的船队转舵驶向伊斯帕尼奥拉。他曾经在加的斯（Cadiz）将计划交给他的兄弟，他希望看到那个计划已经取得成功，但他看到的却是一片燃烧的废墟。拉纳维达定居点被泰诺人夷为平地，烧成了灰烬。一年前，这些泰诺人还那么包容、好客。

哥伦布不在的时候，伊斯帕尼奥拉很快就变了样，和哥伦布刚发现它的时候截然不同。起先岛上的人乐于告诉外国客人蕴藏黄金的山谷位置，但他们却不知道接下来会发生什么事情。哥伦布使用武力奴役成千上万的土著人，强迫他们在山里开矿，寻找贵重金属。入侵的欧洲人带来了各种各样的西方疾病，这些病毒像野火一样在毫无准备的土著人中间传播开来。因为出现了这些情况，泰诺人带头反抗外国入侵者，但他们的斗争进一步激发了哥伦布维持秩序、进行严惩的念头。

有他的兄弟们给他撑腰，加之他的西班牙庇

残暴的哥伦布

传奇探险家最残暴的三次行动

公开羞辱

哥伦布和他的兄弟巴托洛梅奥及迭戈（Diego）以心理折磨和肉体摧残土著人著称。西班牙历史学家康苏埃洛·瓦雷拉（Consuelo Varela）说："哥伦布治理的特点是暴政。"其中一个案子涉及一个女人，因为她竟敢暗示哥伦布出身卑微。巴托洛梅奥下令脱光她的衣服，并让她骑着骡子在殖民地游街示众。瓦雷拉补充说："巴托洛梅奥下令把她的舌头割下来……克里斯托弗·哥伦布向他的兄弟表示祝贺，因为他捍卫了这个家族。"

地下挖宝

1492年，哥伦布到达巴哈马，他发现了许多爱好和平的土著民族，最著名的是泰诺部落。哥伦布自己也谈到了这些皮肤黝黑的土著人是多么的友好——他们很少携带武器，因为他们的社会几乎没有犯罪活动。在那里，他还发现了丰富的金矿，因此他以西班牙王室的名义占领了这片土地，并奴役了这个部落。两年内，有125000人（占总人口的一半）死在哥伦布的矿井里。

奴役和残害

哥伦布是个焦虑的人，性格偏执，疑神疑鬼，特别是在晚年，更是如此。据一份报告称，一个人偷玉米被抓，哥伦布下令割掉了他的耳朵和鼻子，然后卖为奴隶。强迫劳役成为哥伦布和他的手下人共同的行动方式。哥伦布本人亲自监督了一场令人作呕的性奴役交易，将年轻的印第安女孩和妇女卖为妓女，让她们从事生不如死的卖淫活动。

▲ 探险家们最初遇到的美洲土著人非常友好、非常好客

哥伦布遗产

征服者是如何改变世界的？哥伦布不是第一个到达北美的欧洲人，但他在这个新大陆留下了清晰的印记。引用历史学家马丁·杜加德（Martin Dugard）的话来说："哥伦布的成名并不是因为他先到了那里，而是因为他留了下来。"与500年前维京人建立的小定居点不同，哥伦布以西班牙的名义占有了他发现的土地，并建立了许多重要社区，这些社区不断地从海岸向内陆扩张。

▲ 哥伦布正在美洲度假，但是这位探险家却犯下了残忍的罪行

护人对此也毫不知情，哥伦布从这片土地上挖掘出了不计其数的财富。这样的财富让西班牙君主们感到高兴，但是关于哥伦布使用残暴手段的谣言很快就传开了，有报道说哥伦布的统治十分残暴，他被权力冲昏了头脑。这些关于他暴行的报道是真实的，这使他在西班牙宫廷里树敌无数。哥伦布正在创造的财富让他们眼红，他们便抓住这件事情不放。很可能哥伦布的赞助人对他在新大陆上发财的手段也有了一定的了解。但不管他多么残暴，他的努力仍在填补西班牙王室因战争而虚空的金库。

哥伦布又进行了第三次航行，对他的指控也一直悬而未决。后来，费迪南德和伊莎贝拉迫不得已，派出使者调查西班牙法庭对哥伦布的指控。接到调查报告后，他们剥夺了哥伦布的头衔，派行政长官弗朗西斯科·德·博巴迪利亚（Francisco de Bobadilla）去进一步调查，并代替哥伦布进行管理。博巴迪利亚于1500年8月到达伊斯帕尼奥拉，那里的情况让他大吃一惊。哥伦布统治该岛长达七年之久，奴役了岛上大多数土著居民，岛上数百万自由人减少到只有大约六万人。他接到报告，说哥伦布把年轻女孩卖为性奴隶，并抱怨哥伦布和他的兄弟们残害羞辱任何阻挡他们财路的人。哥伦布当时正在美洲度假，最终他被送回西班牙，颜面扫地，但西班牙君主没有将他监禁或绞死，他们只是不再对他提供庇护，而是剥夺了他的头衔，这几乎让已经病入膏肓的哥伦布一蹶不振。

哥伦布对探索发现的热情就是他留给世人的遗产，但是现代人在描述哥伦布时可能很快就会

在七年的统治期间，哥伦布奴役了岛上的大部分土著居民，到1500年，岛上的人口从几百万减少到大约只有六万人。

忘记这样一个事实：不论是在名义上，还是在本质上，哥伦布都是一位征服者。由于渴望绘制和定义新世界，哥伦布不仅发现了新大陆，还在新大陆建立了一个立足点，这个立足点将在接下来的数百年里继续扩张。晚年，哥伦布写道："通过克服一切障碍和干扰，一个人一定可以实现他所设立的目标，达到他所选择的目的地。"虽然他的行动有其不可告人的一面，但他一生都在探索发现未知世界，这一点将确保他的名字永垂不朽。

与航行相关的数据

哥伦布征服生涯背后令人震惊的数据

3700千米

这是根据哥伦布的计算得出的加那利群岛和日本之间的距离。

17艘

这是哥伦布1493年第二次航行时使用的船只数量，主要由宽身帆船式船只组成，这些船只经久耐用，适合长距离航行。

19600千米

这是加那利群岛与日本之间的实际距离。尽管有制图师和地理学家提出异议，但哥伦布仍然坚持自己的估计。

11

这是哥伦布探险总年数，他为强大的西班牙王室进行了四次主要航行。

1500人

这是哥伦布首次横渡大西洋时征召的总人数（主要是西班牙人、葡萄牙人和意大利人）。

29艘

这是哥伦布1502年第四次航行中损失的船只数量。当时，哥伦布在圣多明各海岸遭遇了强烈的暴风雨，失去了30艘船中的29艘。

生命中的一天

哥伦布的水手

克里斯托弗·哥伦布新大陆之旅旗舰上的海员
1492年，大西洋

▲“圣玛利亚号”在前往新大陆的途中遭遇了多场风暴

▼ 咸鱼是海上航行途中的主要食物，因为它能长期保存而不变质

作为一名前往未知美洲大陆的水手，任务会很多，工作很艰难，在许多情况下，也会很危险。他们正在探索未知的水域，工作环境拥挤狭小，睡眠区是临时的，食物平淡无味。“圣玛丽亚号”最终未能在哥伦布第一次横渡大西洋的航行中幸存下来，于1492年12月在海地搁浅并被遗弃，但它仍然是这位探险家成就的象征，并提供了一个迷人的案例以供研究，告诉人们在15世纪的船只上是怎样生活的。

早餐

在第一次轮班开始前不久，船员们就起床吃早餐。一般来说，这是一顿冷餐，通常包括咸鱼、饼干和一些奶酪（新鲜食物通常在航行的第一周内就吃完了，因为它们会很快腐烂变味）。“圣玛丽亚号”上的大部分食物都十分简单，但却足够健康营养。

轮班开始

船员们被分成两班，每四小时轮换一次班。第一班，被称为“卡托斯”（Cuartos），从七点钟开始。水手们被指派了不同的任务：两个人被安置在船头和主桅的圆顶上；一个人负责记录指南针的方向和船的速度，方向和速度是由“圣玛丽亚号”的船长或领航员口述的。

扬帆

第一班值班水手的部分职责是使用各种绳索升帆、降帆或扬帆，并在适当的时机对相关设备进行维护。他们在工作时经常唱劳动号子，目的是保持动作节奏一致或者提振士气。

清理甲板

为了保证船只的平稳运行，水手们还负责保持走道和甲板的干净整洁。任何因恶劣天气或维修而留下的碎片都必须清除掉，甲板和栏杆必须定期擦洗。

我们怎么知道这一切的?

“圣玛丽亚号”日志详细记录了这段旅程，其中一些是哥伦布传记作家巴托洛梅·德·拉斯·卡斯（Bartoloméde Las Casas）撰写的摘录。这些摘录关注更多的是航行距离和重要的发现，但它们还提供了一个有价值的研究，揭示了这次发现之旅的意义。本书作者为了撰写本文，也进行了一番研究，厄恩利·布莱福德（Ernle Bradford）于1973年出版的《克里斯托弗·哥伦布》（*Christopher Columbus*）一书为研究提供了有价值的参考。

第一班结束

第一班结束了，第二班“瓜迪亚斯”（Guardias）开始。在随后的四个小时里，第一班可以参加一些活动，包括唱歌、跳舞和演奏乐器。钓鱼也很受欢迎，因为新鲜的鱼是一种美味佳肴。

祈祷时间

每隔30分钟，一个勤杂船员就会转动玻璃杯（形状像沙漏）。他一边转动玻璃杯一边祈祷，这样做是为了让船员们知道时间，同时也是为了大多数人员的罗马天主教信仰。船员在一天中不同的时段会唱不同的祈祷文；例如，在日落时，祈祷文是《万福圣母》（*Salve Regina*）。

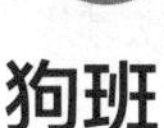

狗班

下午五点到七点之间的轮班被分为两个“狗班”（dog watches），可以让船员进行调班。“狗班”是为了确保工作人员不会经常值同样的班。有些船员总是不得不值午夜“墓地班”（graveyard watch），“墓地班”一直是个不受欢迎的轮班，原因是显而易见的。“狗班”可以有针对性地避免这一问题。

睡觉

在完成了第二个轮班后的几个小时内，大多数船员会尽力闭上眼睛睡觉，直到他们重新开始工作。甲板下是补给仓库和厕所，因此船员们通常不会前往该区域休息。

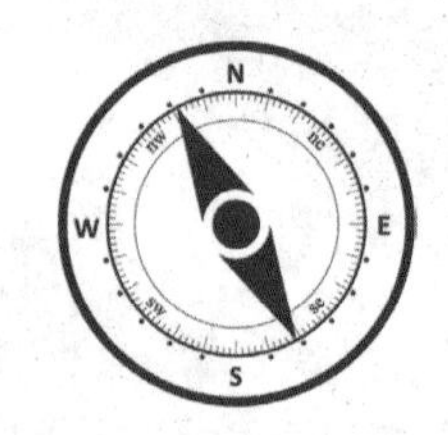

瓦斯科·达·伽马

（Vasco da Gama）

打开世界的大门

瓦斯科·达·伽马于1497年从里斯本出发，绕过好望角到达印度，这次航行改变了世界，揭开了印度几个世纪以来的神秘面纱。

1497年，瓦斯科·达·伽马开启了具有历史性意义的印度之旅，这次旅行的背景耐人寻味。葡萄牙，这个位于伊比利亚半岛边缘的小国，坐落在西欧的外围，其在15世纪沿着西非海岸进行试验性的航行，最终绕过了好望角【他们最初称好望角为“风暴之角”（Cape of Storms）】。因为这次航行，葡萄牙无论是在字面上还是在象征意义上，都将继续改变世界历史的进程。

这个国家有一个根深蒂固的愿望，它雄心勃勃，希望充分发挥自己的实力，以小博大。这要感谢葡萄牙的多任君主，他们深信命运天定，心怀敬畏。葡萄牙还与富裕的邻国西班牙陷入了竞争。意大利探险家克里斯托弗·哥伦布曾经请求葡萄牙资助他的探险，然而葡萄牙拒绝了。一天，哥伦布乘船返回西班牙港口，并发布消息称他发现了一条通往西印度群岛（他已经发现了加勒比海）的航线，这加剧了两国称雄的竞赛。葡萄牙是时候认真起来了，然而，葡萄牙成为航海强国的进程是循序渐进的。在整个15世纪，他们取得了一系列重大发现，有航海发现，也有地理发现。葡萄牙首都里斯本是一个港口城市，也是一个多元文化中心。天文学家、制图师、数学家和商人蜂拥而至，在这座令人兴奋的城市云集。

葡萄牙人当时觉得欧洲的大事件似乎与他们无关，但北大西洋就在他们家门口，葡萄牙的地

人物简介

瓦斯科·达·伽马

约1460—1524

瓦斯科·达·伽马出生于葡萄牙西南部的西纳斯，他的印度之行是葡萄牙扩张国土、建立帝国计划的一部分。他成功后被任命为印度总督。但不幸的是，他在印度染上了疟疾，在到达印度三个月后的1524年12月24日，达·伽马在印度港口城市科钦（Kochi）去世。

决定性时刻

开始旅程

出发前夕，达·伽马和他的同伴们在烛光下前往海滩出发点，牧师和僧侣们边走边唱，为他们祈福。人群中有人哭了起来，家人们走入水中向船员告别。送行的人和船员们相互告别，然后船员们被带上小舟，前往等待的大船。

1497年7月8日

▲ 达·伽马会见了卡利克特的国王。他们试图把货物赠送给他以示敬意，但国王对此却不感兴趣

理位置成了其优势。从1415年开始，葡萄牙首先在亨利王子的带领下发现并命名了亚速尔群岛和佛得角群岛。这些地方成为进一步探索远海的基地。葡萄牙人精通航海，造船技术也很高超，他们又开始专注于寻找一条途经非洲到达印度群岛（指的是印度和印度洋）的路线。

几十年来，葡萄牙人一直沿着非洲海岸线前进，每到一处岬角（突入海中的狭长高地）就会竖立石柱作为标记，一直在寻找通往非洲大陆另一边的通道。他们沿着塞内加尔河、刚果河和其他具有异国情调的地方航行，直到他们无法再继续前进。到了15世纪末，他们还没有找到一条通往东非的道路。

从中世纪开始，欧洲就流传着关于非洲基督徒国王普雷斯特·约翰（Prester John，约翰神父）的传说。埃塞俄比亚的国王们都是基督徒，他们将普雷斯特·约翰奉若神明。葡萄牙之所以将目光投向印度洋，宗教是一个主要因素，他们憎恶伊斯兰教和穆斯林。他们还认为，通过与普雷斯特·约翰建立联盟，可以在贸易中取代穆斯林，占据主导地位。葡萄牙之所以要与普雷斯特·约翰建立联盟，既有意识形态方面的考量，也有经济上的考量。

对于达·伽马的探险来说，1494年签订的《托德西利亚斯条约》是一个重要事件。该条约是在教皇亚历山大六世的调停下签订的，它把已知的世界一分为二。条约规定在佛得角以西270里格（约1770千米）处设立“教皇子午线”，子午线以西的土地划归西班牙，子午线东以东新发现的土地划归葡萄牙。在大西洋中部划定子午线是一个复杂的事件，因为它是按照里格（长度单位）而不是按照经度划分的，这就意味着葡萄牙人在1500年偶然发现巴西时可以占有它。当时，少校上尉佩德罗·阿尔瓦雷斯·卡布拉尔（Pedro Álvares Cabral）带领船队前往印度，他们试图远离非洲西南海岸，绕一个弧形向西南方向前进，但这个弧形绕得有点太大了，碰巧发现了巴西。

朝圣者事件

瓦斯科·达·伽马的侵略策略引发了一次野蛮行径，这次野蛮行径臭名昭著。1502年，达·伽马带领船队第四次远征，这是他第二次前往印度，葡萄牙国王授予的荣誉让达·伽马备受鼓舞，他已经做好了战斗的准备。达·伽马恶毒的反穆斯林情绪源于基督徒对穆斯林的普遍仇恨，也和他在印度洋上的经历不无关系。他认为征服人民最好的办法就是使用坚船利炮让其产生畏惧之心。载着穆斯林朝圣者往返麦加的船只必然成为他们掠夺的对象。1502年9月29日，朝圣船只“米里号”出现在他们的视线里，船上载着数百名从红海归来的男人、女人和儿童。达·伽马下令发动袭击，起初，“米里号”的船员和乘客没有进行抵抗。他们错误地认为可以和达·伽马船队进行谈判。达·伽马让船只停止运转，在海面上漂流了五天，随后，达·伽马抓获了20名儿童，并命令他们皈依基督教。然后把剩下的乘客锁在船里，封闭所有出口，点燃了船只，他们就那样幸灾乐祸地看着船上的人全部被活活烧死。这种行径令人震惊，十分可怕，甚至达·伽马自己的船员也对此感到迷惑和反感。

▲ 瓦斯科·达·伽马可能是个残忍的人，他甚至会抢劫商人或穆斯林朝圣者

葡萄牙人建造的船只吃水很深，不太适合于勘探，因此，1497年7月8日，当达·伽马扬帆启航探索通往印度的航线时，除了一艘补给船外，还使用了三艘较小的船只。达·伽马担任一艘宽身帆船“圣加布里埃尔号”的船长，他的兄弟保罗·达·伽马指挥“圣拉斐尔号”。“贝里奥号”是三艘船只中最小的一艘，由尼古拉·科埃略（Nicolau Coelho）担任船长。

随着时间的流逝，我们已经无从知晓达·伽马是如何被选定担任这次探险领袖的。不过，他开始似乎只是第二人选。曼纽尔国王（King Manuel）最初让达·伽马的兄弟保罗承担这次探险任务，但由于保罗身体不好而拒绝了。虽然保罗不愿率领舰队，但他还是加入了探险队。达·伽马，一个来自锡内斯（Sines）的小贵族，拥有丰富的航海知识和经验，是一个脾气暴躁的硬汉。探险是一个只有硬汉才能从事的工作。然而，一旦葡萄牙插手印度洋贸易，达·伽马的坏脾气和误判就成了大屠杀、报复性杀戮和骚乱的罪魁祸首。

—— 决定性时刻 ——

冒险航海

在离开佛得角群岛后，船队进行了一次载入史册的航行。他们没有沿着西非海岸前进，而是绕了一个大弧线进入南大西洋，希望在那里赶上季风，绕过好望角进入印度洋。93天后，他们看到了陆地，就在好望角的北方。

1497年8月

1497年夏天，船只在顺风中驶向佛得角群岛，14天后登陆。从那里开始，他们向西南方向航行，使用的是与葡萄牙航海家迪亚斯相同的导航技术。他们花了三天时间沿着海岸线前进，绕过佛得角。他们好几次遇到了当地土著人，这些土著人有的小心谨慎，有的热情友好。达·伽马将沿海地区命名为“纳塔尔”（Natal），并在1497年圣诞节当天通过这一区域。

▲ 葡萄牙里斯本圣恩格拉西亚教堂（Church of Santa Engrácia）里的瓦斯科·达·伽马墓

► 瓦斯科·达·伽马在卡利克特登陆。这次历史性的航行将永远改变世界

他们在莫桑比克发现了阿拉伯的船只和商人，还见到了会说卡斯蒂利亚语的阿拉伯人，这让他们感到惊讶不已。这里，多元文化和社会互动蓬勃发展。它不是一个天堂，远远不是：在那里，他们相互混战，冲突斗争不断，但与欧洲相比，沿海城市和大陆（非洲和亚洲）之间的贸易网络十分成熟。没过多久，达·伽马就注意到，由于缺乏适当的防御，这里的船只不是那么强大。因此，他们强取豪夺的时机已经成熟。

达·伽马性格多疑，并且具有侵略倾向，这为他后来与所有人打交道树立了标准。他为了获取信息而折磨当地人，劫持人质，并在与部落成员的几次小冲突中幸存下来。有一次，葡萄牙人发现一群人在夜深人静的时候企图登船。也正是在这一次，达·伽马遇到了他视为基督徒的“黄褐色皮肤的男人”（他们实际上是印度教徒）。

他们最终越过印度洋来到了印度。在那里，他们遇到了卡利克特（Calicut）的萨穆德里。在

▲ 一位艺术家描绘的葡萄牙舰队启航图，人群和国王若昂二世正和船员挥手告别

一 决定性时刻 一

初见印度

在离开里斯本并在东非海岸停留300多天后，达·伽马的船队与他们抓获的一名穆斯林领航员一起穿越印度洋，他们到达的时候正是雨季。这位葡萄牙探险家和他的船员们穿过阴云浓雾，看到了高山。

1498年5月18日

与萨穆德里举行的一系列令人沮丧的会晤中，他们的傲慢表现得淋漓尽致。达·伽马违反了当地的风俗习惯和港口的海关税务政策，他还拒绝离开船只，因为他害怕穆斯林商人密谋反抗他（他在这一点上是对的）。他要求按照他的条件会见萨穆德里，还向他赠送礼物（衬衫、小饰物）。这些礼物对萨穆德里来说是侮辱，他的朝臣们都嘲笑达·伽马。最后，达·伽马不得不开船离开，由多艘船只组成的穆斯林舰队在达·伽马船队后面紧紧追赶。历史是创造的，朋友不是。

达·伽马在愤怒中发出威胁，说他一定会回来的。复仇和征服即将成真，他这样做也不无道理。葡萄牙成为第一个横跨全球的海上帝国，并在东方的香料贸易中击败邻国西班牙。世界从此变了样——商业全球化，欧洲开始统治遥远的外国领土，殖民主义时代已经真正开始了。

但他读不懂别人，看不透别人的动机，这就导致了误解的产生。

瓦斯科·努涅斯·德·巴尔博亚

彼岸之主

这位探险家能干而又勇敢，成了第一个穿越美洲大陆、发现太平洋的欧洲人，也因此扩大了他的国家对新世界的征服。

有一位印第安酋长，名叫科莫格雷（Comogre），因为他的儿子，西班牙征服新世界最关键的时刻之一到来了。当时，瓦斯科·努涅斯·德·巴尔博亚正在指挥西班牙人给从当地部落征收来的黄金称重，这个年轻人和父亲科莫格雷正坐在家门口。

西班牙人开始为分配多寡争吵不休，科莫格雷的儿子被西班牙人的贪婪激怒了，他砸了天平，把金子撒到地上。他告诉西班牙人，如果他们向南旅行，就会遇到“另一片大海”（我们现在称之为太平洋），在那里，贵重金属应有尽有，黄金和西班牙的铁一样丰富。

对此，勇敢的冒险家巴尔博亚动了心。人们告诉他，至少需要1000人才可以征服那片土地。于是，巴尔博亚于1513年9月1日集结了这样一支部队，从圣玛利亚安提瓜（Santa Mariá la Antigua）基地出发，向西航行到了巴拿马地峡最狭窄的地方。

在这里，地峡只有60英里宽，到处都是沼泽、河流，还有杂草丛生的山丘。食物供应不足，怀有敌意的部落倒不少。尽管如此，巴尔博亚还

— 决定性时刻 —

定居伊斯帕尼奥拉

在哥伦布成就的激励下，巴尔博亚沿着哥伦比亚海岸航行，开始了罗德里戈巴兹蒂达斯的探险之旅。探险队最终在伊斯帕尼奥拉岛建立了定居点，1505年，巴尔博亚利用航行中分得的战利品建起了一个种植园和养猪场。然而，他的努力失败了，结果他负债累累。

1500—1505

人物简介

瓦斯科·努涅斯·德·巴尔博亚

1475—1519

巴尔博亚是一名征服者和探险家，他于1475年出生于西班牙的卡斯蒂利亚，是南美大陆上第一个稳定的定居点圣玛利亚安提瓜的首领，后来成为第一个从新大陆跨过巴拿马地峡看到太平洋的欧洲人。

▲ 巴尔博亚的发现开辟了美洲西海岸

▲ 巴尔博亚带着配剑，扛着旗帜涉水进入大海，代表国王对这片海洋和邻近地区宣称主权

是带着许多当地的侍从和向导，以及不到200名西班牙同胞，踏上了穿越地峡向南进军的征程。据说，探险队到达旅程终点的时候，巴尔博亚不许别人跟随，他独自向前走了最后几步，登上了山顶，俯瞰着“另一片大海”（他称这片海域为“南海”，也就是今天的太平洋）。

当时是1513年9月25日，西班牙人巴尔博亚发现了一条穿越新大陆通往太平洋的路线。就在哥伦布登陆美洲21年后，巴尔博亚树立了征服者历史上第二座伟大的里程碑，因为他的发现开辟了美洲大陆的西海岸，为通往印加帝国（Incan Empire）[①]令人目眩而难以想象的财富铺平了道路。

巴尔博亚砍下树枝作为占领的象征，在树上刻下了国王费迪南德的名字，然后下山走到圣米格尔湾（Bay of San Miguel），带着佩剑，扛着旗帜涉水进入大海。他高举国王的旗帜，代表国王对这片海洋和邻近地区宣称主权。

巴尔博亚一行没有遇到什么危险，他们乘坐不太结实的独木舟驶入海洋，发现了一个巨大的珍珠培育场。巴尔博亚派人将最大、最美丽的珍珠送给西班牙国王，一起送去的还有一堆金子和这次伟大发现的消息。这位勇敢的臣民的运气实在不佳，信使们抵达西班牙太晚，未能阻止他最终遭遇的悲惨而又残酷的结局。

巴尔博亚在1500年启航，抵达新大陆。他最初在伊斯帕尼奥拉岛种植庄稼，但失败了，欠下了一大笔债务。为了躲避债主，1509年，巴尔博亚偷偷跑了。他加入了马丁·费尔南德斯·德·恩西索（Martín Fernández de Enciso）组织的一次探险，目的是为乌拉巴海岸的一个西班牙殖民地提供帮助和增援，乌拉巴就在今天的哥伦比亚。

增援部队来到这里，发现这个地方环境恶劣，困难重重，特别是要面对充满敌意的当地土著，殖民地也因此正在逐渐萎缩。殖民地的建立者阿隆索·德·奥杰达（Alonso de Ojeda）遭到土著居民的伏击，被一支毒箭射中腿部。致命的伤口可能会随时要了他的命，阿隆索将两块烧得又红又烫的铁板绑在伤口上，才保住了性命。当恩西索的增援部队到达时，他们在衣衫褴褛的殖民者中发现了一个名叫弗朗西斯科·皮萨罗（Francisco Pizzaro）的人，他将继续在这个大陆的历史上扮演十分重要的角色。

软弱的恩西索接管了指挥权之后，面对如此危险的局面，他不能妥善处理，引发了许多危机。而35岁的巴尔博亚却展现了作为士兵领袖

① 印加帝国是11世纪至16世纪时位于美洲的古老帝国，帝国的政治、军事和文化中心位于今日秘鲁的库斯科。印加帝国的中心区域分布在南美洲的安第斯山脉上，其版图大约是今日南美洲的秘鲁、厄瓜多尔、哥伦比亚、玻利维亚、智利、阿根廷一带。

的重要品质。正是在巴尔博亚的推动下，殖民者撤往巴拿马地峡海岸的达里恩（Darién），这里的土著居民不是那么排斥殖民者。在这里，他们建立了美洲大陆上第一个稳定的定居点圣玛利亚·安提瓜。

殖民者很快找到一个理由，把软弱无能的恩西索赶下了台，并选举成立了一个市议会，任命巴尔博亚为两个地方法官之一。随后恩西索返回西班牙，巴尔博亚成为无可争议的殖民地首领。1511年12月，阿拉贡及卡斯蒂利亚国王费迪南德二世任命巴尔博亚为临时总督和达里恩将军。

用同时代的意大利作家、安格尔利亚的彼得·马特尔（Peter Martyr）的话来说，巴尔博亚已经从“鲁莽的喧闹者变成了一个理性明智、谨言慎行的船长”。他确实证明了自己是一位有能力的领袖，并且通过一系列手段，增强了殖民者在土著部落中的影响。

他的外交策略是正确的，并经常致力于和解。他与当地酋长卡雷塔（Careta）的女儿建立了关系，帮助后者击败了敌人，从而获得了一个维护自己霸权地位的宝贵盟友。甚至有人说，卡雷塔和科摩格的酋长都接受了基督教信仰。

作为总督，巴尔博亚不仅获得了大量臣民和奴隶，而且还通过强迫威胁的手段收受贡品，给他的国王送回了一桶桶的黄金。在1515年给国王的一封信中，他描述了自己的宽大仁慈和公平交易，将自己与他认为冷酷无情、残忍至极的其他西班牙船长进行了严格的区分。当然，这是一个残酷的时代，任何欧洲人都会熟悉欧洲的暴力行为——绞刑、鞭刑、断肢、火刑柱烧死、四马分尸——这些酷刑都会引起群众围观。因此，即使像巴尔博亚这样喜欢通过外交途径、使用更温和的安抚方式的人，也不反对暴力。

他对同性恋的态度引起了某些土著人的强烈反对，他写道，有一个食人族部落应该全部被烧

▲ 巴尔博亚纪念碑矗立在巴拿马城，该地许多人将这位探险家视为偶像

残酷的正义

尽管巴尔博亚在与土著部落的交往中比随后的许多征服者要温和仁慈得多，但他认为，必要时他也会诉诸暴行。

彼得·马特尔在1530年出版的《新世界》（*On the New World*）一书中记述了一个令人毛骨悚然的事件：巴尔博亚将40名同性恋男子喂狗。彼得写道，巴尔博亚很讨厌当地地位显赫的年轻男子，这些男子穿着女人的服装，而且有着“不符合常理的行为”。作者声称，大多数当地人认为巴尔博亚的愤怒是正当的，因为“这些土著人民也认识到同性不伦之恋严重冒犯了上帝”。而正是这种行为“导致了洪水、暴风雨、雷电频繁爆发，让他们苦不堪言”。

西班牙人在新大陆广泛使用猎犬。巴尔博亚自己也有一只猎犬，名叫莱昂西洛（Leoncillo）。据说这只猎犬是追踪逃跑奴隶的高手，它会将逃跑的奴隶领回到巴尔博亚身边，如果他们反抗，它会把他们撕成碎片。据记载，猎犬莱昂西洛每次会分得“和一个弓箭手一样多”的战利品，它还为他的主人赢得了许多黄金和奴隶。

▲ 巴尔博亚放狗撕咬土著同性恋

死，因为他们甚至不配当奴隶。他的实用主义常常是残酷的，使得土著居民家庭之间、部落之间相互仇视，在达林人和安的列斯人之间交换奴隶，这样做的目的是不让流离失所者逃到熟悉的环境中藏身。

考虑到那个时代的性质，巴尔博亚遭遇横死也就不足为奇了。而间接导致他垮台的正是他取而代之的达林殖民者领袖恩西索。

当巴尔博亚派去宣布发现“另一片海洋”的信使到达国王费迪南德宫廷的时候，恩西索已经回到了西班牙，也已经向国王讲述了巴尔博亚和他在一起的那段时间里的所作所为，并谴责巴尔博亚是一个偷渡客和篡夺者。因此，国王宣布任命佩德拉利亚斯（Pedrarias）为达林的新总督。

然而，费迪南德又被巴尔博亚捎回的消息打动了，但他没有将佩德拉利亚斯降职，而是任命巴尔博亚为南海（太平洋）殖民地行政长官和其中两个小省的总督。五年时间里，巴尔博亚和佩德拉利亚斯一直保持着友好的关系——佩德拉利亚斯甚至把他远在家乡的女儿许配给了巴尔博亚——尽管不信任和恶意已经开始在他们之间酝酿。

巴尔博亚的不满集中在佩德拉利亚斯对待当地人的态度上，他认为佩德拉利亚斯的态度远比他自己更残忍，于是写信给西班牙国王，埋怨佩德拉利亚斯手下的船长们正在破坏他与当地部落之间来之不易的联盟。

巴尔博亚的抱怨奏效了，国王决定更换佩德拉利亚斯。消息传到达里安时，巴尔博亚正在准备一支舰队进一步探索太平洋海岸，该舰队由四艘双桅帆船组成。佩德拉利亚斯可能担心巴尔博亚会在以后的法庭诉讼中提供确凿的证据，也可

—决定性时刻—

巴尔博亚被任命为总督

巴尔博亚在南美洲大陆建立了第一个永久定居点，并将其命名为圣玛利亚安提瓜。一年多后，国王费迪南德任命他为临时总督和达林将军。之所以被任命，是因为他为国王搜刮了大量财富。

1510年9月

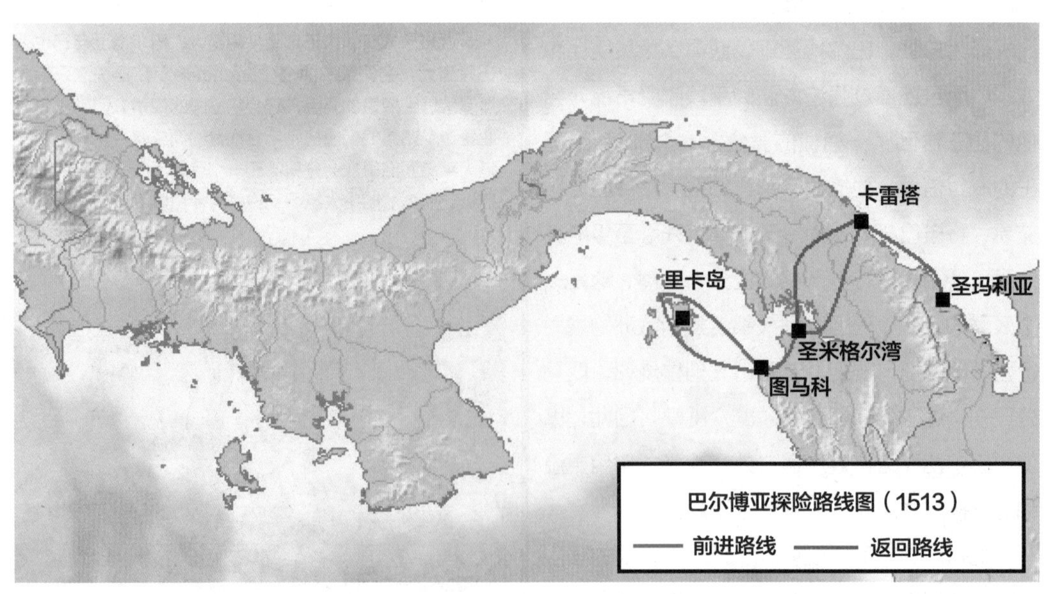

▲ 巴尔博亚去南海（太平洋）的路线（蓝线）和他的返回旅程

▲ 巴尔博亚在与佩德拉利亚斯发生争执后，被以莫须有的罪名处决

35岁的巴尔博亚展现出担任殖民领袖的非凡品质。

— 决定性时刻 —

发现太平洋

巴尔博亚于1513年9月1日启程出发，成为第一个穿越美洲大陆的欧洲人。巴尔博亚看到了太平洋，打开了西班牙在南美洲西海岸扩张的大门，从而为皮萨罗征服印加奠定了基础。这位探险家由此成了英雄。

1513年9月

能是佩德拉利亚斯一心想报复，于是他将巴尔博亚召回达林并以叛国罪逮捕。

随后，由佩德拉利亚斯的首席大法官加斯帕尔·德·埃斯皮诺萨（Gaspar de Espinosa）主持了审判，尽管缺乏可信的证据，巴尔博亚还是被判死刑，并于1519年1月被送上了断头台。巴尔博亚自己也是个冷酷残忍的人，但他也许比后来的征服者品格更为高尚。如果征服印加人的是他而不是皮萨罗，那么印加这个曾经强大的文明很可能会遭受更少的痛苦和屈辱。

胡安·庞斯·德莱昂

探索繁花盛开的地方

胡安·庞斯·德莱昂作为一个士兵及探险者来到了新大陆，并发现了他一生从事的职业。

胡安·庞斯·德莱昂（Juan Ponce de León）在到达新大陆之前，曾经参加了收复失地运动——格拉纳达战役（War of Granada）。公元1492年，驱逐摩尔人的运动以西班牙的胜利而告终，他也就不再需要服兵役了。随着探索时代在全球范围内的蔓延，他开始了新的冒险。1493年秋，他作为两百名绅士志愿者之一参加了哥伦布的第二次航行。

两个月后，哥伦布到达了加勒比海和伊斯帕尼奥拉岛，在这里，庞斯·德莱昂再次找到了生活的目标。他赢得了伊斯帕尼奥拉总督（哥伦布）的信任，利用他的军事经验镇压了当地土著的起义，并在岛的东半部建立了定居点。他后来被任命为东伊斯帕尼奥拉的总督，从奖赏他的土地上获得了巨大的收益，并将牲畜卖给了西班牙的联络人。

在伊斯帕尼奥拉期间，庞斯·德莱昂听说附近的博林根岛（Borinquen）上黄金丰富、土地肥沃。他于1508年获得西班牙王室的许可，对该岛进行进一步的勘探。他率领50名士兵登上了一艘船只，在今天的圣胡安岛（San Juan）附近登陆，并将其命名为波多黎各（Puerto Rico）。黄金的发现让人期待万分。第二年，庞斯·德莱昂被任命为波多黎各总督。在他担任总督期间，殖民者对泰诺原住民进行了剥削，并在全岛成功地建立了许多定居点。然而两年后，哥伦布之子——伊斯帕尼奥拉总督迭戈·科隆，架空了庞斯·德莱昂，并消除了他在波多黎各的影响。

— 决定性时刻 —

失意波多黎各

为了争夺波多黎各的控制权，哥伦布的儿子迭戈·科隆与庞斯·德莱昂展开了一场旷日持久的法律战。科隆声称，西班牙王室已经给予了他父亲在波多黎各的实体权力，最终西班牙法院也采纳了这一说法。由于在波多黎各失去了影响力，庞斯·德莱昂不得不到其他地方寻找自己的财富，他将目光转向了佛罗里达。

1509—1511

▼ 据信，庞斯·德莱昂是被一支毒箭射杀的

胡安·庞斯·德莱昂

1460—1521

人物简介

虽然传说庞斯·德莱昂的探索之旅是为了寻找青春不老泉，但让他来到佛罗里达的最重要的原因可能是因为黄金。庞斯·德莱昂诗意地将佛罗里达命名为“鲜花之地”，他是第一个为西班牙探索这片土地的人。他还考察了波多黎各岛，并被任命为该岛的第一任总督。

▲ 老卢卡斯·克兰奇（Lucas Cranach the Elder）于1546年描绘的青春不老泉

自己的劳动成果在西班牙法庭上丧失殆尽，这让庞斯·德莱昂感到痛心疾首，但他仍然受到西班牙国王费迪南德的垂青。费迪南德敦促这位士兵探险家在新世界寻找其他的土地，并格外开恩，同意了有利于庞斯·德莱昂的协议，允许他拥有他所发现的任何土地的专有开发权。

关于财富的传说再一次激起了庞斯·德莱昂的冒险热情。他听说过关于比米尼岛屿（Bimini）的故事，那里草木繁茂，黄金遍地，土地肥沃，很可能还有一个青春不老泉，泉水有着神奇的功效，可以让人恢复活力。

庞斯·德莱昂亲自组织并资助了一支远征队，这只远征队由三艘船只和大约200人组成，该船队于1513年3月从波多黎各扬帆启航，向西北方向航行。一个月后，探险队在北美东海岸登陆。这片原始的领土美景如画，庞斯·德莱昂为之陶醉。这时复活节就要到来，复活节在西班牙被称为“Pascua Florida”，意即“鲜花盛宴”。因此，探险家将这片土地命名为佛罗里达（La Florida），意即“鲜花之地”。他们登陆的地点就在今天的佛罗里达州圣奥古斯丁（St Augustine）附近。

美洲土著居民已经在该地区居住了一段时间，西班牙的突袭劫掠队先前已经到达巴哈马，也可能已经到达佛罗里达东海岸，但庞斯·德莱昂却引起了人们对该地区前所未有的关注。船队继续沿着佛罗里达海岸线向南航行，据说探险家遇到了波涛汹涌的大海，并将其命名为卡纳维拉

— 决定性时刻 —

第一次远征佛罗里达

庞斯·德莱昂第一次在佛罗里达登陆时，展现在他眼前的是如画的美景，这一切激励着这位探险家继续他的探索发现之旅，并于1521年重返该地区。尽管这次旅程充满了希望，但是，庞斯·德莱昂第二次前往佛罗里达的航行却以他自己的死而告终。

1513年

尔角（Cape Canaveral）或洋流之角（Cape of the Currents）。据称，他发现了墨西哥湾流（Gulf Stream）[1]，这简直就是一条暖流高速公路，可以加快船只的航行速度。他还参观了佛罗里达群岛（Florida Keys ）和干龟岛（Dry Tortugas）。干龟岛上没有水，只有大量海龟。

有人说，庞斯·德莱昂进入了墨西哥湾，然后继续探索佛罗里达西海岸，一直到今天的夏洛特港（Charlotte Harbor）。在那里，探险队受到美洲土著加卢萨部落成员的威胁，被迫退回到海边。由于补给不足，探险队启航返回波多黎各。

回到波多黎各后，庞斯·德莱昂发现这里的局势已经变得混乱不堪。土著部落发动了暴动，劫掠并焚烧了定居点，几个西班牙人被杀害。1514年，他启程返回西班牙报告他的发现。国王任命庞斯·德莱昂为比米尼和佛罗里达总督，并命令他镇压波多黎各暴动。

1515年下半年，庞斯·德莱昂再次前往该岛。虽然我们对具体细节知之甚少，但他在恢复和平方面确实取得了一定的成功。然而，当他得知费迪南德国王去世后，为了保护个人利益，他停止了探险行动并返回了西班牙。在接下来的两年里，为了保证自己的经济收入和政治前途，他在确保自己财产安全的情况下又返回波多黎各。

1521年2月，庞斯·德莱昂第二次远征佛罗里达。关于探险队的记录流传下来的很少，但人们相信，7月的某个时候，海盗袭击了他们。一支箭射中了庞斯·德莱昂的大腿，探险队于当月月底退回到古巴，这位探险队领导人最终在哈瓦那（Havana）去世，他很可能死于败血症。

① 墨西哥湾暖流也叫湾流，是世界上最大、影响最深远的一支暖流。

有报道称，庞斯·德莱昂发现了墨西哥湾流

▲ 这是一幅19世纪的德国画作，描绘了庞斯·德莱昂和他的探险队成员寻找青春不老泉的情景

青春不老泉

西班牙国王费迪南德于1514年授予庞斯·德莱昂探索加勒比海地区的委任状，其中并没有提到要找青春不老泉。然而，这位探险家永远与寻找传说中的喷泉联系在一起，据说这个喷泉可以让人们恢复体力和青春。16世纪初，青春不老泉的传说已广为人知，这个传说可能起源于古希腊，而相同故事的另一版本也在西半球部落间广为流传。

从可查的当代作品中可以看到，庞斯·德莱昂从未有过关于青春不老泉的记录，很可能他只是把青春不老泉的故事当作一个无稽之谈。探险家与喷泉的第一次联系很可能出现在冈萨洛·费尔南德斯·德奥维耶多·瓦尔德斯（Gonzalo Fernández de Oviedo y Valdés）所著的《印度自然史》（*Historia General y Natural de Las Indias*）中，这本书著于1535年，那时候庞斯·德莱昂已经去世整整14年了。在过去的5个世纪里，这个命运多舛的探险家寻找青春不老泉的浪漫传说一直在流传，而且很可能还会流传下去。

埃尔南·科尔特斯

格扎尔科特使者

科尔特斯因征服阿兹特克（Aztecs）而永垂不朽，
他毁灭这个新大陆的决心到底有多大？

—决定性时刻—

科尔特斯：阿兹特克之神

羽蛇神克查尔科亚特尔是阿兹特克最重要的神之一。传说中，羽蛇神是蛇和鸟的结合体，但也可以幻化人形，传说称羽蛇神总有一天会回到他的子民身边。幸运的是，传闻中羽蛇神回归的时间恰好就是征服者登陆的时间，据说阿兹特克人错误地把科尔特斯看作神一般的人物。

1519年2月

辉煌的黄金之城特诺奇蒂兰（Tenochtitlán）已成一片废墟，城市里饿殍载道，勇士们灰飞烟灭。伟大的阿兹特克文明不复存在，带给他们痛苦的正是埃尔南·科尔特斯。他以坚定无情的自信领导着征服者，并获得了新西班牙总督的职位和数不尽的财富。但这一切是从哪里开始的呢？

新大陆被发现后，旧大陆的每个人都想从中分一杯羹。埃尔南·科尔特斯便是众多追名逐利者当中的一个。他于1485年出生于西班牙梅德林（Medellín）一个低级贵族阶层家庭，是弗朗西斯科·皮萨罗的第二个堂兄，皮萨罗领导一支探险队征服了印加帝国，俘虏并杀害了印加皇帝阿塔瓦尔帕（Atahualpa），宣称那里的土地归西班牙所有。科尔特斯一直渴望冒险，但是即使在他最狂野的梦中，他也没有料到自己会成为一个让整个文明屈服的人。这个西班牙人违背了父母的意愿，于1504年放弃了在萨拉曼卡大学学习法律和拉丁语的学业，开始了向西的探险之旅。

他来到今天多米尼加共和国的阿苏阿镇（Azúa），当了很多年公证员。几年后，科尔特斯第一次冒险的机会来了，他本打算在1509年参加一次前往中美洲的探险旅行，但他错过了，因为当时他的腿上有脓肿，可能是梅毒发作引起的。最终，他于1511年离开阿苏阿镇，参加了迭戈·贝拉斯克斯·德库埃利亚尔（Diego Velázquez de Cuéllar）领导的古巴远征军。

七年后，他才找到了自己独自航行的勇气、资金和机会

◀ 阿兹特克的美洲豹和鹰战士被西班牙的罗德罗斯击败并遭到屠杀，阿兹特克人无法与西班牙战士的钢甲相抗衡

在此期间，他赢得了新总督的尊重和信任。直到七年后，他才有足够的勇气和资金，并且找到一次机会开始了自己的探险之旅。是时候自己单飞了。自从远征古巴以来，科尔特斯与贝拉斯克斯的关系就越来越密切，甚至与他的小姨子结了婚，这极大地提升了科尔特斯的自信心。他在地方政府中的职位迅速升迁，让他第一次尝到了领导和权力的滋味。他的影响力越来越大，以至于贝拉斯克斯也开始担心他变得过于强大，于是命令科尔特斯取消即将开启的中美洲大陆探险之旅。任性的科尔特斯不愿委曲求全，完全无视上级的命令。他迅速率领500人和11艘船出发前往墨西哥。1519年3月底，他抵达墨西哥东海岸，并在尤卡坦半岛（Yucatan Peninsula）登陆。

探险队登陆后接触的第一个人是多娜·玛丽娜（Dona Marina）。她作为一名当地人，充当了西班牙人和当地居民之间的翻译。探险队后来之所以能够取得成功，多娜发挥了关键性作用。她还成了科尔特斯的情妇，为他生下了一个儿子——马丁，马丁是有史以来第一个美国和西班牙混血儿。

科尔特斯对周围环境一无所知，探险队只

有17门大炮、12匹马和少量的战犬，但有一样东西驱使着他：对黄金的欲望。他对探险队的成功充满信心，下令将船只拆卸凿沉，他们已经没有回头路了。这次探险耗时三个月，是一次艰苦的旅程，探险队要穿过热带未知区域，对于西班牙远征队来说，现在的时机是再好不过的了。阿兹特克人预言，羽蛇神克查尔科亚特尔【Quetzalcoatl，中美印第安神话中的羽蛇神，是大咬鹃（Quetzal）与蛇（Coatl）的组合，像遍体生满绿色羽毛的蛇】将通过海路返回，而科尔特斯恰巧是在神话预言羽蛇神出现的时候到达的。这一惊人的巧合或许有利于科尔特斯。

— 决定性时刻 —

乔卢拉（Cholula）大屠杀

乔卢拉人不像特拉克斯卡兰人那样容易被说服与西班牙人结盟。多娜·玛丽娜已经警告过她的情人，乔卢拉人十分好战。科尔特斯得到信息，成功挫败了一次伏击，处决了数千人，以示对其他人的警告。这一举动震惊了整个中美洲。

1519年10月

阿兹特克人在该地区占统治地位，但也有其他较小的派别对他们的霸主地位表示不满。西班牙人到来时，阿兹特克帝国正处于政治危机之中，科尔特斯巧妙地利用了这一点，让局面朝有利于他的方向发展。他将冲突控制在最低限度，与特拉斯卡拉和乔卢拉两个民族结盟，在他经过的城镇煽动反对阿兹特克人的暴动。他因此获得了土著盟友的宝贵支持。

探险侵略队于1519年11月8日抵达阿兹特克首都特诺奇蒂特兰（Tenochtitlán），最终见到了蒙特祖马二世（Montezuma II）及这座光荣而又传奇的城市。蒙特祖马张开双臂欢迎科尔特斯，并赠送他黄金，但是西班牙人出其不意地抓住了蒙特祖马，并将他软禁起来，不许他离开自己的首都。现在，蒙特祖马成了他自己城市的傀儡领袖，但是有消息传来，称科尔特斯的老对手贝拉斯克斯正在赶来的路上，他准备以非法探险的罪名逮捕科尔特斯，蒙特祖马因此暂时逃过一劫。来自贝拉斯克斯的威胁消除之后，更多的增援部队加入了战斗，科尔特斯返回时，发现阿兹特克的首都陷入了混乱。

在科尔特斯离开之后，特诺奇蒂特兰的居民被西班牙人的野蛮行为激怒了。西班牙留守军队放了皇帝，试图以此让对方停止进攻，但是进攻者将留守军队困在了蒙特祖马的宫殿里。宫外传来消息称，愤怒的阿兹特克群众用石头砸死了他们以前的统治者。征服者曾经占尽优势，现在却不得不撤退，但他们很快就会回来的。

尽管遭遇挫折，科尔特斯对黄金的欲望却已经被充分激发起来了，他决心完成未竟的事业。他们的兵力比敌人少得多，但装备了钢铁制造的武器，还有马匹。比起阿兹特克，欧洲的武器装备要优越得多。尤其是西班牙骑兵，他们在西班牙撤退期间的奥通巴战役（Battle of Otumba）中发挥了关键作用，取得了决定性的胜利。阿兹特克人在数量上占有优势，但这种优势也因天花的暴发而丧失殆尽，天花是许多旧大陆疾病之一，在接下来的几年里，这些疾病将在美洲大地上横行肆虐。

科尔特斯于1551年回到特诺奇蒂特兰，计

科尔特斯是一位专心致志的探险家，1524年远赴洪都拉斯南部寻找神话中的黄金之城。

划逐街逐巷征服和掠夺这座城市。阿兹特克人为对付西班牙人冰冷的钢铁装备和风驰电掣的战马也做了更充分的准备。他们开挖战壕，让敌方骑兵人仰马翻，为了躲避炮火，他们不再列队攻击。科尔特斯想尽快占领这座城市，但阿兹特克的防守十分顽强，这意味着围攻将持续数月。

持续的围攻导致阿兹特克防御部队粮食短缺，因此西班牙人采取了地毯式清除的办法。这个残暴的举措给阿兹特克造成了巨大损失，特诺奇蒂特兰最终于8月13日沦陷。随着首都的沦陷，曾经伟大辉煌的阿兹特克帝国轰然倒塌。科尔特斯成了刚建立的墨西哥城和新西班牙的总督和总司令。他的力量越来越强大，墨西哥土著居民没有得到任何怜悯，而且遭到了无情的屠杀。科尔特斯是一位矢志不移的探险家，他于1524年远赴南方的洪都拉斯（Honduras），并于1532年至1536年在那里寻找传说中的七座黄金之城。洪都拉斯远征让他感到吃不消，最终健康受损，也让他丧失了权力和地位。

国王查理五世（King Charles V）对科尔特斯稳步增长的财富和权力颇有微词。为了缓和与国王之间的关系，科尔特斯于1528年乘船返回西班牙。科尔特斯带来了巨大的财富，国王承认

▲ 埃尔南·科尔特斯在韦拉克鲁斯海岸（Veracruz coast）凿沉了自己的船队

了科尔特斯将军的身份，但不承认他是总督。科尔特斯这次回国是必要的，加强了他与祖国日益减弱的联系。但当他两年后回到新西班牙时，发现它陷入了完全混乱的状态。

和之前的许多领袖一样，科尔特斯成了贪婪善辩将军的牺牲品，这些将军为了个人利益而瓜分了他的领土。现在他已经40多岁了，这位阿兹特克的毁灭者已经厌倦了死亡和冲突。在殖民地秩序稍稍正常后，他回到了位于库尔纳瓦卡（Cuernavaca）的庄园，并计划进一步探索太平洋。西班牙官员开始监视他的一举一动，但他

置之不理，继续探索中美洲并发现了下加利福尼亚半岛（peninsula of Baja California）。在最后的几次旅行中，他有一次去了阿尔及利亚，在那里，他乘坐的船只在暴风雨中失事了，他差点儿被淹死。这可能加速了他返回西班牙的决定。回国后不久，他于1547年12月2日在塞维利亚去世，享年62岁。

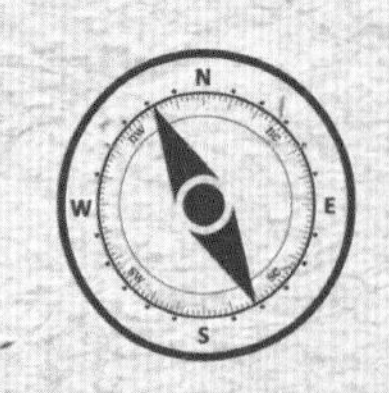

探索发现时代的勇士

在探索发现时代，征服者们乘船驶出欧洲，
前往美洲寻找财富。
他们经常遭到土著部落的抵抗。

▲ 尽管阿兹特克战士令人生畏，但他们的装甲和武器还是抵挡不住西班牙的钢铁武器装备

征服者

护胸铠甲

护胸铠甲像钢铁一样坚硬，征服者几乎所向披靡

像他们的利剑一样，征服者们的钢铁护甲也是在西班牙托莱多（Toledo）制造的。它使得士兵几乎无懈可击，阿兹特克人和印加人的原始木制武器在征服者面前毫无用武之地。事实上，一个征服者在被杀死前可以杀死几十个土著人。

库拉

比较穷的士兵只能穿皮革或棉制的护甲

较富裕的征服者使用一片片相互重叠的钢板覆盖他们的手臂和腿，这让征服者们可以自由地活动身体，同时也给他们提供保护，但较低级别的征服者只能穿一件棉制或皮制夹克，这种夹克称为库拉。

托莱多利剑

铸剑技艺在16世纪并没有多少改进

富有的征服者使用了16世纪最好的剑。西班牙托莱多市制造的同名钢剑凭借其强度和韧性，让这些士兵在与新大陆原住民的冲突中占尽优势。一些骑兵也会携带长矛。

头盔

可以有效地保护征服者的头部

钢盔是征服者的标志性装备，钢盔顶部有个高耸的弯月形盔脊，侧面是弧形弯月状盔檐。大多数征服者喜欢戴结构简单的头盔，只盖住头顶，但也有人把头部的大部分包裹起来，只留出眼睛、鼻子和嘴巴。

卡米萨

随着战斗逐渐减少，征服者们穿得更加随意了

大多数征服者在他们的盔甲下穿着一件简单的长袖衬衫，这种衬衫叫卡米萨。随着时间的推移，一些征服者开始被尊为神灵，土著民族敌对情绪减少，金属盔甲可有可无，征服者们在大多数情况下会选择穿较轻便的卡米萨。

雅克塔·德马拉背心

财富决定了你的盔甲有多精致

征服者并非一支统一的正规军。他们只是前往美洲新大陆寻找财富的冒险家。因此，许多人的盔甲形成了鲜明对比：富有的人能买得起钢制盔甲，其余的人则只能穿戴由其他金属制成的盔甲——通常是一种叫雅克塔·德马拉（Jacqueta de Mala）的无袖链甲背心。

护盾

如果你的敌人使用的武器是棍子，木制护盾和钢制护盾一样有效

征服者的盾牌大多数是圆形的，带有凸面设计，这种设计可以将敌人的击打弹开。最坚固的盾牌是由金属制成的，考虑到阿兹特克的武器落后，木制盾牌同样有效。

阿兹特克战士

头饰

只有飞鹰战士才能佩戴这种头饰

鹰头头盔是一个战士进入飞鹰精英战斗部队的标志，而美洲豹战斗部队的成员则佩戴被杀死的美洲豹的头。

服装

很结实的棉袄伊卡胡皮利

只有俘虏四名以上战俘的最勇敢的战士才可以佩戴鹰头头盔、羽毛或美洲豹皮，底层战士通常只能穿戴这种厚棉布制成的服装。

护盾

抛投物防护

这种圆形盾牌名叫赤马利，是用木头制成的，用于防御抛投物，它里面塞有纤维制品，以增强强度。

远距离武器

战士们擅长使用弓箭和弹弓

阿兹特克战士也使用弓箭、弹弓和长矛。弹弓可以用投射器投掷很远的距离，是由一根棍子和连在棍子一端的迷你投射器构成。

玛奎特木剑

阿兹特克战士使用的主要武器

玛奎特是一把野蛮锋利的木剑，剑刃是用黑曜石碎片打制的，据说可以砍掉人甚至马的头。他们还使用一根大约两米长的棍子，上面也镶有锋利的石头。

鞋

只有精英战士才能穿铠科特利鞋

上流社会和精英战斗部队可以穿铠科特利鞋。这种鞋有点儿像凉鞋，用鞋带子绑在脚踝上，普通市民和战士只能赤脚。

费迪南德·麦哲伦

超越未知世界

麦哲伦的探险队向西出发，寻找一条前往香料群岛的路线，开启了历史上第一次环球航行。然而，麦哲伦再也没能回到家乡。

意大利人安东尼奥·皮加费塔（Antonio Pigafetta，1491—1531）是研究麦哲伦环游世界的编年史家，他讲述了一个故事，如果不是建立在第一手经验的基础上，16世纪的欧洲人阅读这些故事就像21世纪的人们阅读科幻小说一样，好像他说的是另外一个星球的故事。那个时候，航海者和哲学家们仍然相信，如果他们越过赤道，海水会把他们活活煮死，巨大的怪物会从海水深处突然出现吃掉他们，如果他们航行到世界的边缘，就会掉落到地球外面去。在那个时代，皮加费塔的航海日志对文学来说是开创性的，就像麦哲伦进行的探索对地理来说是开创性的一样。皮加费塔的叙述充满了冲突矛盾且高度戏剧化：月光下的狂欢、奇怪的性仪式、遍布食人族的岛屿及需要超强耐力和理智才能完成的壮举。麦哲伦的探险之旅成就了世界上第一次环球航行，但探险队只有少数人活了下来。在哥伦布发现美洲大陆之后，亦敌亦友的葡萄牙和西班牙之间的竞争日趋激烈，简直到了白热化的程度。他们瓜分了已知的世界，又向教皇亚历山大六世（Pope Alexander VI）寻求帮助，让教皇宣布他们之间的《托德西拉斯条约》生效。这个协议签署于1494年，接下来发生的事情简直就是文艺复兴时期的20世纪太空竞赛。1513年在巴拿马发现南海（太平洋）时，人们曾讨论过一个通往南海的可能路线：沿南美洲大陆向南前进，并从大洋海（大西洋）航行到南海。葡萄牙贵族费尔南多·德·马加拉内斯（Fernão de Magalhães）曾对祖国忠心耿耿，后来却叛逃到西班牙，并开始着手准备寻找这条路线，他将以这条路线发现者的身份被载入史册。

> 年轻时，麦哲伦是葡萄牙女王的侍从，并在莱昂诺拉女王侍从学校（Queen Leonora's School of Pages）接受教育。

到了西班牙后，费尔南多·德·马加拉

费迪南德·麦哲伦

1480—1521

人物简介

葡萄牙贵族费迪南德·麦哲伦为祖国的竞争对手西班牙效力，进行了环球航行探索，希望向西找到一条前往香料群岛的路线。他是一位经验丰富的海员，在以前的航行中，他曾经到过印度，最远到达马来半岛。

▲“维多利亚号”复制品。“维多利亚号”是探险队唯一一艘返回塞维利亚的船

内斯改名为“赫尔南多·德·马加拉内斯”（Hernando de Magallanes，费迪南德·麦哲伦），并寻求后来成为神圣罗马帝国皇帝查理五世的国王查理一世的资助。然而，作为一个葡萄牙人，麦哲伦处处受到怀疑。他坚持要指挥舰队并要求成为船上拥有最高权力的人——他的坚持没有商量的余地。他也因此受到了更多的质疑，西班牙人对此怨声载道，随时可能发生哗变。政治和民族主义并没有阻挡麦哲伦的脚步，但是因为他的国籍和幕后政治，他的权威多次受到挑战。

国王希望启动麦哲伦的计划，这一计划以它的目的地为名——“莫卢卡无敌舰队”（Armada de Molucca），但国王负债累累，无法资助。负责监管西班牙所有探险和贸易的机构“康塔西翁之家”向金融大师克里斯托夫·德哈罗寻求资助，最后筹集的资金高达8715125马拉维迪斯（当时的西班牙货币单位），其中大部分是由德哈罗提供的，德哈罗自己的资助计入国王的投资（德哈罗征收高利息），这样做是为了避免激怒葡萄牙。

结果证明，胡安·德·卡塔赫纳（Juan De Cartagena）是个令麦哲伦头疼苦恼的人。作为总督察，这位西班牙人认为他担任船队领袖是受到国王直接授权的。他确实是国王的耳目，这点没错，但他不信任葡萄牙人麦哲伦。西班牙王室在交给卡塔赫纳的指示中写道："请您全面而具体地告知我们，我们的指示和授权在上述土地上的执行情况……船长们和军官们遵守我们指示的情况及其他事项。"

在印度期间，麦哲伦参加了几次战斗，并在1509年的迪乌战役（Battle of Diu）中受伤。

船队一启航，卡塔赫纳就和其他几个人密谋对付麦哲伦。例如，当麦哲伦得知葡萄牙船只在尾随跟踪时，他就沿着非洲西部走，而不是穿过大西洋前往巴西。卡塔赫纳认为麦哲伦这一举动令人怀疑，并指责他是在耍阴谋诡计。当船只遇到恶劣天气和暴风雨时，卡塔赫纳便认为麦哲伦无能，简直是在拿他们的生命当儿戏。卡塔赫纳终于对船队总司令采取了行动，但最后以失败告终，卡塔赫纳被囚禁了一段时间。在平定这场哗变的过程中，麦哲伦采取了可怕的暴行，表现出了坚定的信念。

在巴西，船队遇到了友好的当地土著人民，虽然官方禁止这些船员与部落妇女结交，但他们还是纵情声色，乐此不疲。他们犹如置身天堂，好不快活。然而，船上发生了一件奇怪的事情，使得船员们士气低落，并加深了对麦哲伦的怨恨之情。船上一位男服务员和一位水手行了苟且之事，根据西班牙法律，同性恋者将被处以死刑，所以麦哲伦下令处死了其中年长的男子（男子是被勒死的）。

他们沿着南美洲海岸继续前进，到了普雷特河（River Plate），他们怀疑这是通往海峡的通道，但事实并非如此。探索工作仍在艰难地进行，需要完成诸多侦察任务。有时候，天气十分恶劣，情况不妙，完全没有希望。当冷空气从安第斯山脉（Andes）冲到公海上肆虐时，这一地区就会出现世界上最猛烈的狂风暴雨。不过，给他们带来好运的正是一场风暴。为了躲避一场突如其来的狂风，他们进入一个海湾，碰巧发现了他们之前认为难以找到的海峡。

船队终于看到了太平洋，探险队员们都欣喜若狂。麦哲伦也可以名留青史了。1521年3月6日，他们到达了今天的关岛。和其他欧洲探险家一样，麦哲伦对当地人的态度带有暴力和恐怖的色彩。有岛民试图偷走船队的一艘小型引航船，麦哲伦便命令他的手下赶到附近的一个村庄，烧毁他们的家园，还杀了七位村民。后来，他停止了侵扰当地土著居民，却又开始插手当地的政治事务。结果证明，正是这一举动导致了他自己的

▲ 麦哲伦海峡的早期地图。麦哲伦海峡是从南大西洋到南太平洋的通道

▲ 费迪南德·麦哲伦遇害地点纪念碑

毁灭。

麦哲伦在惊涛骇浪中幸存了下来，在一次次哗变企图中幸存了下来，在因饥饿、疾病和士气低落而导致的船队减员中幸存了下来，但却在和土著人的战斗中丧生。他言出必行，没人能改变他的主意。他们航行到了宿务，麦哲伦说服那里的酋长和部落成员皈依基督教。船队又继续前进，来到了麦克坦岛。在那里，麦哲伦遇到了一位拒绝承认基督教上帝的酋长，为了对抗这位酋长，麦哲伦没有等待宿务人的支援，便带领49名身穿盔甲的士兵乘坐小船登上小岛。

迎接他们的是1500名英勇无畏的土著战士，麦哲伦吹嘘自己坚固的铠甲能抵御一千名土

麦哲伦得知葡萄牙船只在尾随跟踪他时，他便沿着非洲西部的路线航行。

决定性时刻

阿扎莫尔战役（1513年）

攻占摩洛哥古城阿扎莫尔（Azamor）是麦哲伦生命中的重要时刻。他刚从印度归来，野心勃勃，一心想要进行一次远征，但却遭到了曼努埃尔国王的阻挠。曼努埃尔国王厌恶麦哲伦，这是因为麦哲伦对前任国王（曼努埃尔国王的老对手）忠心耿耿。麦哲伦在攻城中英勇作战，结果膝盖被长矛刺中，这让他成了一个瘸子，也让他在经济方面陷入窘境。虽然他因作战勇敢而被授予军需官军衔，但他与曼努埃尔国王的关系，却恶化到了无法挽回的地步。

时间轴

- **出生于萨布罗萨（Sabrosa）**
  麦哲伦出生于葡萄牙西北部的一个贵族家庭，后在王室宫廷里担任国王若昂二世的侍从。**1480**
- **国王若昂二世之死**
  国王的死让麦哲伦陷入了困境。继任者曼努埃尔国王不喜欢他，阻挠麦哲伦在海上成就一番伟业的努力。**1495**
- **前往印度**
  1505年，麦哲伦和他的兄弟迪奥戈被派往印度，听命于弗朗西斯科·德阿尔梅达（Francisco de Almeida）。他们帮助西班牙在次大陆建立了贸易前哨。**1505**
- **巴尔博亚发现了太平洋**
  征服者瓦斯科·努涅斯·德·巴尔博亚穿过巴拿马地峡，爬上了山顶，第一次看到了南海（太平洋）。**1513年9月25日**
- **接近国王**
  麦哲伦意识到自己在葡萄牙带领探险队的机会已化为乌有，于是和他的同伴们转而去找西班牙国王查尔斯，并向他提出了向西到达香料群岛的计划。**1517年10月**

发现通道

船上开炮庆祝。麦哲伦的梦想终于实现了：他找到了一条航线并成功完成了航行，这条航线从一个浩瀚的海洋（大西洋）通往南海（太平洋）。世界从此改变。麦哲伦不确定这到底是南海还是另一个未被发现的海洋，就将其命名为“太平洋”，因为他发现那里的海水是平静的。

发现海峡的过程困难重重，也充满了危险。麦哲伦将他的船员们逼到了极限、勇敢地面对冰冷的雨水和恐怖的狂风，勇敢地面对食物短缺和船只失事，勇敢地面对迷宫般的入口和敌对部落。他们都很困惑，并且随时有可能误入葡萄牙领土，如果那样的话，他们就违反了《托德西拉斯条约》。在五个星期的时间里，船队穿过了一条海峡和一系列海湾，两岸都是悬崖峭壁，有的地方非常狭窄，搁浅的威胁如影随形。当他们看到面前是一片广阔的深蓝色海洋时，麦哲伦和他的整个船队都纷纷赞美上帝和圣母玛利亚。任务完成了。

▲ 事实证明，这条海峡是从南大西洋通往太平洋的安全通道，这就是以麦哲伦名字命名的海峡——麦哲伦海峡

著人。当他们从海浪中涉水上岸时，麦哲伦的头盔被打掉了，他很快就挨了一拳，踉踉跄跄，但他不肯后退，土著人一拥而上砍死了他。当皮加费塔返回寻找麦哲伦的尸体时，发现他的尸体已经消失得无影无踪。“一个印第安人朝麦哲伦掷了一支竹矛，刺入了他的脸部，麦哲伦立刻用长矛杀死了这位印第安人。然后，他试图伸手去拔剑，却只拔出一半，因为他又被一根竹矛刺伤了胳膊。土著人看他受了伤，就都朝他扑过来。其中一人用刀砍伤了他的左腿，这把刀很像短弯刀，只是比短弯刀更大。”意大利编年史家详细地描述了麦哲伦是如何死在当地土著人手中的。

麦哲伦以神话中的巨人族巴塔哥尼亚（Patagons）来命名阿根廷的巴塔哥尼亚地区。

决定性时刻

船长兵变　1520年复活节

麦哲伦的船员绝大部分都是西班牙船员，麦哲伦担心受到他们的怀疑和不尊重。他是对的，卡塔赫纳从一开始就在策划一场叛乱。卡塔赫纳、路易斯·德·门多萨（Luis de Mendoza）和加斯帕尔·奎萨达（Gaspar Quesada）三位船长认为麦哲伦要将他们引向毁灭，几次试图兵变。但他们低估了他们的指挥官，麦哲伦进行了反击，并在两轮战斗中都取得了胜利。门多萨和奎萨达被当场处决。

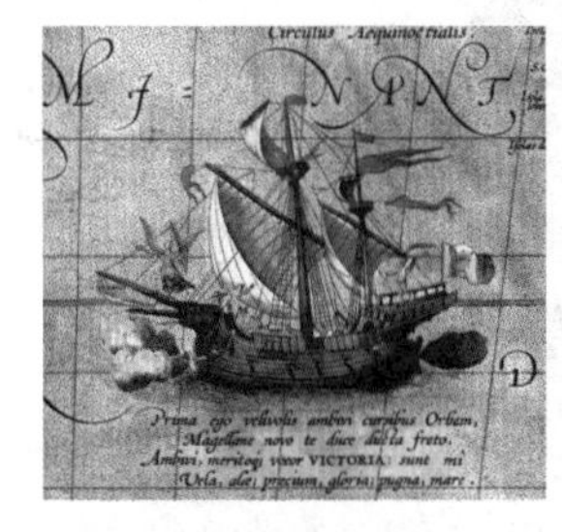

决定性时刻

1522年9月6日

麦哲伦的船队由五艘船只组成，最后只有一艘幸存下来并回到了西班牙。最终，“维多利亚号”就像一个幽灵，不知从哪里冒出来，奇迹般地驶进了西班牙港口。麦哲伦船队周游世界，航程60440千米，232人死于疾病和饥饿，只有18名船员返回西班牙。麦哲伦死后被西班牙追认为英雄。

授予权限

查尔斯国王对麦哲伦的计划作出了积极的回应，并授予他一系列权力处理他在旅途中的情况。**1518年3月22日**

走向未知

离开塞维利亚五周后，船队终于从西班牙水域出发。国王曼努埃尔对麦哲伦的计划感到怒不可遏，立刻派出船只搜寻麦哲伦船队。**1519年9月20日**

创造历史

船队找到了一个安全通道——万圣海峡（麦哲伦命名），到达了南太平洋。麦哲伦将这片海域命名为“太平洋”。**1520年11月28日**

葬身海滩

麦哲伦决定插手当地政治，但在麦克坦海滩被土著人杀害。他被一支竹矛刺中，遭到了围攻，最后被砍身亡。**1521年4月27日**

风险很高，但如果成功的话，利润会很大

伊丽莎白宠信的海盗是如何偷走都铎帝国的？

在探索发现的时代，国家的命运和人类的财富在大海中创造，在大海中沉没，在大海中被盗。

在伊丽莎白登基的前几年，英国饱受内部冲突的困扰。她的父亲亨利八世（Henry VIII）使英国教会脱离罗马教廷，导致英国失去了罗马教廷的青睐，随后他的继承人爱德华六世（Edward VI）早逝，引发了王位继承危机。随着玛丽一世的崛起，英国教会从新教转变成了天主教，那些敢于挑战她的人被无情地烧死在大街上。其他国家欣欣向荣、昌盛发达，而英国却在苦苦地维持着本国境内的秩序。英国需要的是一个稳定温和的统治者，这会让它繁荣昌盛。伊丽莎白身上正好拥有这些特质。

伊丽莎白是一位新教徒，但没有她父亲的极端信仰，她宽容、温和、聪明，能倾听谋士的建议。后来，国家稍稍稳定，英国人终于可以将目光投向英国以外的地方了。他们发现，没有他们，世界已经有了快速的发展。西班牙、意大利和葡萄牙的探险家们称霸海上。这些国家利用先进的导航工具，建立了强大而又有利可图的贸易基地，如果英国不尽快采取行动，它将与世隔绝，不堪一击。

英国水手带着新的导航工具，终于勇敢地驶入远海。这个国家充满了探索精神，它渴望在竞争中独占鳌头，渴望传播基督教，最重要的是渴望获取财富。许多人为英国王室完成英勇的航行，成为家喻户晓的人物，如沃尔特·雷利（Walter Raleigh）和名不见经传的弗朗西斯·德雷克（Francis Drake）。随着财富涌入英国，越来越多野心勃勃的海员走向海洋，渴望体会荣耀、财富和冒险的滋味。风险很高，但如果成功的话，利润会很大。

很明显，真正的财富来自贸易，大量特许公司开始涌现。商贩们不怕旅途凶险，在遥远的异国他乡插上了英国国旗，他们从东方带回了大量珍贵的香料、胡椒、肉豆蔻、葡萄酒、宝石、染料，甚至还有大批的奴隶。这是一个探索发现的时代，这是一个变革的时代！在这个时代里，只要足够勇敢，卑微的水手也能发财。一个新的世界正等待着人们去探索，整个世界秩序似乎可以像风一样迅速地改变。

海盗骑士

沃尔特·雷利是作家，是朝臣，也是间谍，他利用女王对他的好感铲除了他的西班牙对手。

沃尔特·雷利爵士的故事，高潮时光芒万丈，低潮时寂寥万分。它告诉我们，在探索发现时代，一个人的命运可以瞬间改变，可能是鸿运当头，也可能是多灾多难。

雷利出生在一个具有一定影响力的新教徒家庭，是家里的小儿子。他在牛津大学接受教育，似乎注定要成为一名学者，但法国爆发了宗教内战，他离开法国与胡格诺派一起对抗法国国王查理九世（King Charles IX），后来又参加了爱尔兰的德斯蒙德叛乱。

蒙斯特（Munster）暴动时，雷利加入了女王的军队镇压叛军。他在1580年攻占斯默威克（Smerwick）后对叛军进行了残酷的惩罚，随后他攫取了大量土地，成了一个强大的地主，最重要的是，这引起了女王的注意。雷利温文尔

▼ 雷利带领他的手下袭击了一个西班牙要塞

船只日志

都铎王朝的船只在世界各地寻找财富，但探险的生活并不奢华。

1595年2月7日

船上成群的老鼠出没，使得甲板上更不舒服，大家都睡不好。昨天晚上狂风过后，船帆已经修好了，水也已经从船里抽了出去。幸运的是我的双陆棋（西洋十五子棋）完好无损。

1595年3月15日

补给不足。压缩饼干里全是蛆虫，但船上已经没有其他食物了，除了吃它，别无选择。水已经变质不能喝了，我们只能靠喝啤酒解渴。

1595年4月18日

许多人患上了坏血病。医生也束手无策，没有更好的办法减轻他们的症状。他们的牙齿正在脱落，浑身都是脓疮。有些人的病情严重，还有几个人因此死亡了，尸体被扔进了海里。

1595年6月2日

船上的人变得焦躁不安，难以控制。其中一人和一名长官顶嘴，被施以鞭刑。另一个被施以船底拖曳的刑罚（一根绳子通过船底从左舷拉到右舷，将他绑在这根绳子上，扔出船外，在船底来回拖曳）。水下的藤壶把他剐得伤痕累累，甚至一只胳膊都被割断了。

1595年6月29日

今天看到一些浮木，另一个长官告诉我他看到一只海鸟。我们可能正在接近陆地。这与给我们的地图完全矛盾，所以如果发现陆地，我们就需要制订新的计划。

雅，机智过人，成了王宫的常客，并很快成为伊丽莎白的最爱。她赠予这位宠臣一大笔财产，甚至授予他爵士头衔。1587年，伊丽莎白任命雷利为女王卫队队长，这说明她对雷利信赖有加。

雷利提议殖民美洲，得到了女王的全力支持，女王还授予他贸易特权。从1584年到1589年，雷利率领船队，几次前往新大陆。他从北卡罗来纳（North Carolina）一直探索到佛罗里达，并将其命名为“弗吉尼亚”（Virginia），以纪念女王。然而，他建立殖民地的企图最终以失败告终。尤其是他在罗阿诺克岛（Roanoke）建立的定居点，简直就是一场灾难，整个殖民地神秘地消失了，定居点的殖民者们也人间蒸发，他们的命运至今不明。

罗阿诺克殖民地并不是唯一一个经历灾难性结局的殖民地。

雷利与女王的关系破裂了，因为她发现雷利与自己的一位宫女秘密结了婚。这位宫女不仅比他小11岁，而且还怀孕了。雷利未经伊丽莎白允

▲ 据说雷利死后，他的妻子把他经过防腐处理的头放在一个天鹅绒包里

许就娶了宫女，这让她感到愤怒，也许她也有点儿忌妒。女王把雷利关进监狱，把他的妻子赶出了宫廷。

后来雷利获得假释，他渴望重新得到女王的青睐，于是接受了一项任务，带领探险队去寻找传说中的黄金之城——埃尔多拉多（El Dorado）。后来，他说他找到了传说之城，其实并没有，那是今天的圭亚那和委内瑞拉。他攻击了强大的西班牙港口加的斯（Cadiz），并多次试图摧毁新组建的西班牙无敌舰队，他也因此逐渐重获伊丽莎白的青睐。

1603年伊丽莎白去世，詹姆斯一世（James Ⅰ）登基，雷利一定也意识到自己时日无多了。他意志坚定，风流倜傥，占据了英国女王心中最柔软的地方，但詹姆斯一世对他却厌恶至极。雷利在詹姆斯登基后不到一年就被捕入狱，被关进了伦敦塔。他被判犯有叛国罪，但免

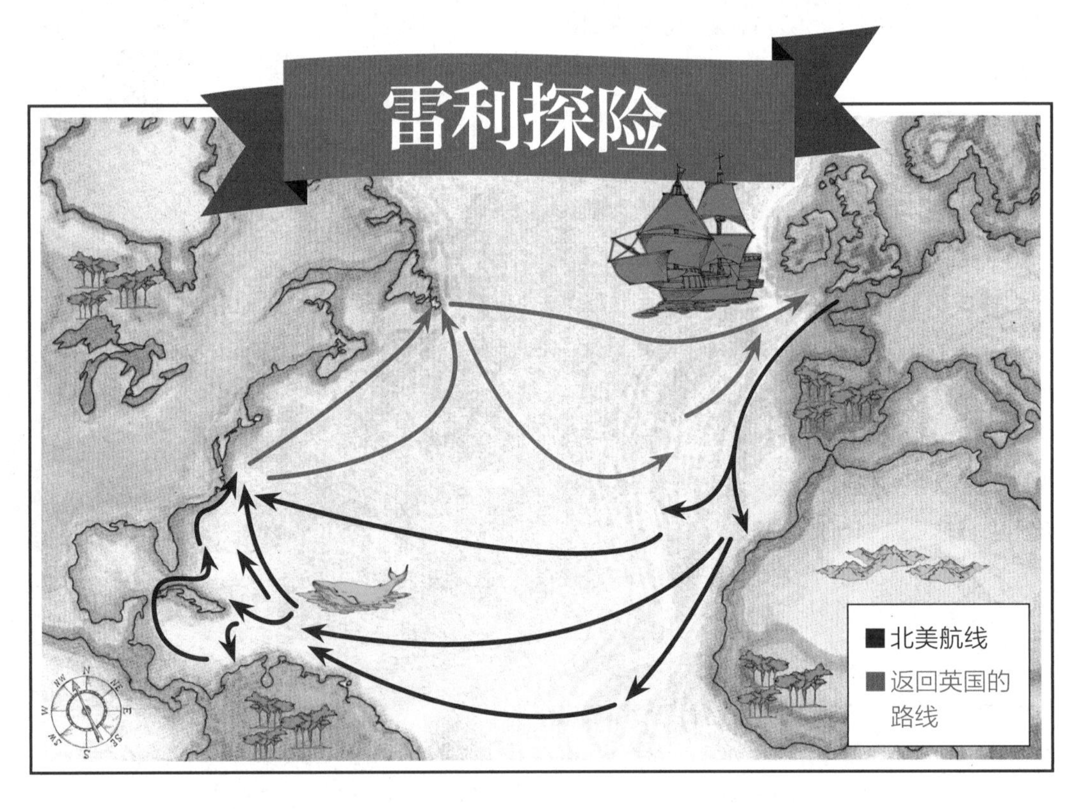

▲ 1588年8月，英国船只与西班牙无敌舰队

于死刑，被判处无期徒刑。1616年，渴望得到金钱的国王释放了他，派他再次出发寻找传说中的黄金之城，他自己以前的描述使得这座城市成为一个传奇。

探险期间，他违抗国王詹姆斯的命令，袭击了一个西班牙前哨。西班牙为此大发雷霆，为了安抚西班牙人，詹姆斯别无选择，只能惩罚这个叛逆的冒险家。雷利再次被捕，并最终被执行了死刑。雷利至死都保持着勇敢和诙谐的性格，据说，面对刽子手手中的利刃，雷利诙谐地说道：“这种药物的药力太猛，不过它倒是可以包治百病。你怕什么？动手吧，伙计，快动手吧！”

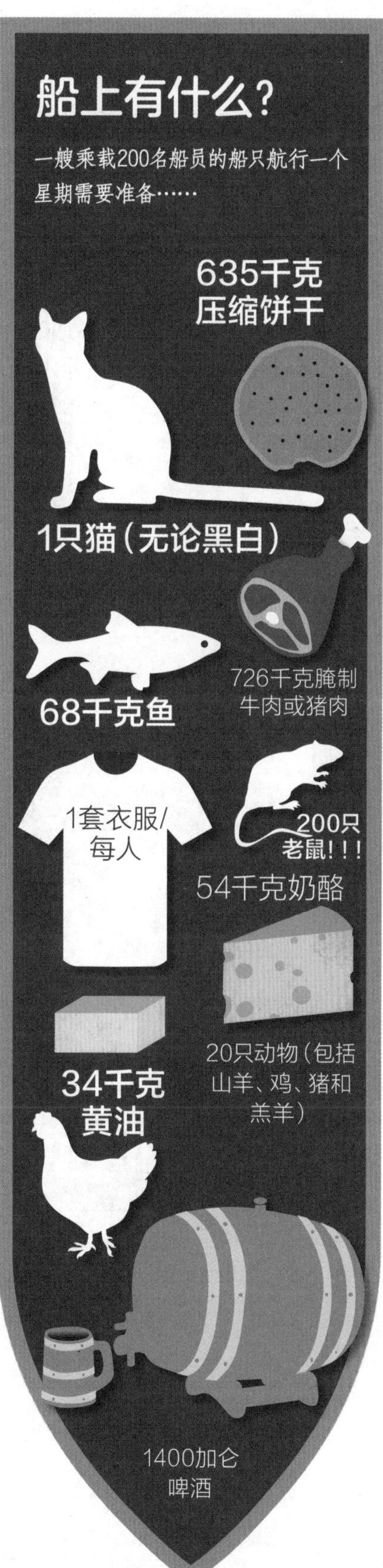

出师不利
1
1577年11月15日，德雷克从普利茅斯出发，但由于天气恶劣，他立刻终止了航行。他们的船只已经伤痕累累，船队被迫返回普利茅斯进行修理。12月13日，他再次登上“鹈鹕号”扬帆起航。与他同行的还有另外五艘船只，共164人。
神秘着陆
4
德雷克向北航行，于1579年6月1日在加利福尼亚海岸登陆。在那里，他和当地人交好，为这片土地取名“新阿尔比昂”或“新不列颠”。这个港口的位置至今仍然是个谜，因为为了不让西班牙知道，所有的地图都被修改过。官方认可的地点是今天的加州德雷克斯湾（Drakes Bay）。
凄凉的着陆
2
德雷克被迫击沉两艘船只，然后在圣朱利安湾（San Julian）登陆，在那里他又一把火烧了另一艘腐烂的船只。也是在那里，德雷克对托马斯·多尔蒂（Thomas Doughty）进行了审判。多尔蒂被控叛国和煽动叛乱，最终被判处死刑，并被执行绞刑，吊死在绞刑架上，他旁边的西班牙绞刑架上还挂着多具腐烂的骷髅，在风中摇摆。
形单影只的旗舰
3
德雷克到达了太平洋，船队只剩下三艘船只。然而，突如其来的猛烈风暴摧毁了其中一艘船，另一艘船被迫返航。“鹈鹕号”被风吹向南方。他们发现了一个岛，德雷克为其取名为“伊丽莎白岛”。然后，德雷克将他那艘孤零零的旗舰改名为“金鹿号”。
1
2
3
4
6
N
NE
E
SE
S
SW
W
NW

海上“恶龙”

西班牙人几十年前就已经完成了环球航行，但英国探险家弗朗西斯·德雷克扬言要让西班牙的成就化为乌有。

“金鹿号”

5 侥幸脱险的德雷克到达西南太平洋的一组岛屿，即摩鹿加群岛（Moluccas）。“金鹿号”差点儿撞上礁石，最终侥幸脱险。德雷克和岛上的苏丹国王交好。

都铎导航

尽管都铎的水手们喜欢把自己描绘成海洋的主人，但他们的导航工具却相当原始，很多时候航行方向全靠猜测。他们确实带了地图，但这些地图往往不准确，因为那时候许多土地还未被发现，准确的地图尚未绘制出来。他们用指南针来指示方向，用夜行仪来确定恒星的位置，这种仪器有助于计算潮汐。“结”来源于都铎人计算船只速度的方法——将一块木头绑在绳子上，绳子上有许多结，然后随着船尾的水流放下，并计算穿过水手手指的结，另一名水手用沙漏测定一段时间内航行了多少结。

英勇归来

6 1580年9月26日，“金鹿号”终于返回普利茅斯，船上载有德雷克及剩下的59名船员。他们将船上装载的一半珍宝和香料送给了女王。作为回报，伊丽莎白女王将一颗印有她微型肖像的宝石送给了德雷克，这颗宝石就是我们现在所知道的“德雷克宝石”。

对许多历史学家来说，弗朗西斯·德雷克爵士是都铎王朝荣耀的物质载体。其实，在那个时代，德雷克本人是一位非典型英雄。他的出身毫不起眼，以至于没有人知道他出生的确切时间。他来自一个普通的家庭，父亲是农民，德雷克是家里12个儿子中的老大。当天主教玛丽女王开始迫害新教徒时，他们一家从德文郡（Devonshire）逃到了肯特郡（Kent）。德雷克与船只结缘似乎是命中注定，因为他曾经在一位老水手的手下当学徒。老水手膝下无儿无女，他去世后，就把他的船只留给了他最喜欢的徒弟德雷克。

到了16世纪60年代，年轻的德雷克频繁地前往非洲旅行。在那里，他俘虏了许多奴隶并将他们卖到西班牙，但这是违反西班牙法律的。1568年，他的舰队被西班牙人围困在墨西哥的圣胡安德乌鲁亚（San Juan de Ulua）港。德雷克成功逃走，但他的许多手下都被杀害了。这在德雷克心中种下了对西班牙王室的深深仇恨，这种仇恨将陪伴德雷克一生。

1572年，他从伊丽莎白那里得到了一份私掠船的委托书，并把目光投向了掠夺任何一艘遇到的西班牙船只。他盯上了被西班牙占据的富裕港口城镇和定居点，然后对它们进行攻击，并将金银尽可能多地装载到船上，直到装不下为止。德雷克发现金子太多一次带不完，就决定先把金子埋起来，以后再回来取。这并不是德雷克唯一的一次海盗行径。在英国，他的成功使他成为一个富有而又受人尊敬的探险家，但西班牙人可不这么认为。对于那些被他掠夺过的西班牙人来说，德雷克成了一个令人闻风丧胆的嗜血者。他们甚至给他起了一个可怕的绰号“埃尔德雷克”，意思是“恶龙”。

不管他是不是恶龙，这位英国冒险家英勇无畏的探险都收获颇丰，给伊丽莎白女王一世留下了深刻的印象。他完美地体现了英国人的开拓进取精神，伊丽莎白认为，她的国家要想成为一个世界强国，这种精神不可或缺。

西班牙人在几十年前就已经完成了环球航行，但英国探险家弗朗西斯·德雷克却在1577年扬言要让西班牙的成就化为乌有，女王派德雷克沿着南美洲太平洋海岸远征西班牙殖民地。他以惯常的冷酷方式突袭西班牙殖民地，在智利和秘鲁沿海掠夺西班牙船只，然后在加利福尼亚登陆，并代表女王对这片土地宣示主权。他继续穿越印度洋，最终于1580年9月26日返回英国，成为第一个环游世界的英国人。这让女王感到很高兴，而让她更高兴的是德雷克送给她的璀璨夺目的珠宝。为了羞辱西班牙国王，她在这位探险家的船上用餐，还送给他一颗印有自己肖像的珠宝，并授予他爵士头衔。

德雷克以牺牲西班牙为代价取得了巨大成功，他的成功还将继续。1588年，他被任命为海军中将，由130艘船只组成的西班牙无敌舰队进入英吉利海峡时，他饶有兴致地进行了反击。现在，他不仅是一位富有的探险家和王室宠儿，还是一位战争英雄。然而，他的好运气在1596年终于消耗殆尽。

女王最后一次要求德雷克与宿敌西班牙交战。德雷克前往巴拿马执行夺取西班牙宝藏的任务，其间染上痢疾去世。他的尸体被放入铅质棺材扔进大海。直到今天，潜水员们仍在寻找德雷克的棺材，是他带领伊丽莎白时代的英格兰走向辉煌。

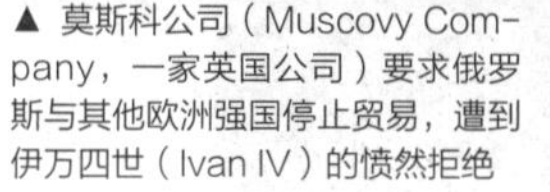

▲ 莫斯科公司（Muscovy Company，一家英国公司）要求俄罗斯与其他欧洲强国停止贸易，遭到伊万四世（Ivan IV）的愤然拒绝

帝国宝藏

一个充满财富的世界等待着英国，它将使英国再次成为一个富强的国家。

要想屹立于世界民族之林，英国在贸易方面还有很多事情要做。在很长的一段时间里，意大利垄断了香料和染料贸易，但西班牙和葡萄牙打破了意大利的贸易垄断。西班牙和葡萄牙的商人为了不让意大利完全控制贸易，发现了通往东印度群岛的海上路线，并发现了蕴藏在那里的极其珍贵的香料。西班牙变得更加富有，英国看着眼红，决心要分享新世界的财富。如果英国不能在新世界的探索中站稳脚跟，它的欧洲竞争对手们就会把它甩在身后，英国就会变得不堪一击。贸易不仅仅意味着获得财富，还关系到一个国家的生死存亡。一个充满财富的世界在等待着英国，它将使英国再次成为一个富强的国家。

一名英国间谍拿到了一本西班牙秘密教科书《西班牙简编》（*Breve Compendio De La Sphera*）的副本，这本书里隐藏着海上成功的奥秘。工匠们开始设计新的器械，英国探险家们终于做好了乘风破浪的准备。伊丽莎白女王支持这些勇敢的探险家进行探险航行，并表示如果他们在探险过程中对满载财物的西班牙船只采取行动，她是不会反对的。很快，英国冒险家因海盗行为而声名鹊起，其实，他们不是海盗而是“私掠者”。在加勒比海航行的西班牙船只一看到地平线上出现英国大帆船，就会吓得瑟瑟发抖。一个新的世界正在来临，英国商人将会用他们的狡猾、大胆和无情统治这个世界。

贸易清单

奴隶——非洲

东方香料：肉桂、丁香、胡椒——中国和印度

干葡萄酒 葡萄——东地中海

酒——东地中海

棉花——东地中海

丝绸——东地中海

拉帆绳索——俄罗斯

大麻——俄罗斯

毛皮——俄罗斯

地毯——土耳其

丝绸——波斯

水果——地中海

糖——北非

东印度公司

控制世界一半贸易的英国小公司

伊丽莎白女王授予商人皇家特许经营权，这些商人成立了东印度贸易公司。人们怀疑当初女王授予皇家特许经营权时是否已经预见到这家公司将会给世界带来的影响。这家成立15年的公司与好望角以东、麦哲伦海峡以西的国家进行贸易，并获得了垄断地位，但它的动机只有一个——获取香料。可是，荷兰东印度公司在香料贸易方面已经拥有垄断地位，英国东印度公司不得不从无到有，慢慢成长。最终，该公司在香料、棉花和丝绸贸易中获利颇丰。这家小公司成立仅仅47年，就变成了一个巨头。对许多人来说，这家公司的探索精神，打破了世界壁垒。但随着公司实力的增强，它的野心也随之增长。最初对贸易的关注演变成了危险的殖民野心，这将导致公司最终垮台。

▲ 伊丽莎白时代的私掠船船长詹姆斯·兰开斯特（James Lancaster）指挥了东印度公司的第一次探险航行

向东方拓展

统治海洋的英国公司不止东印度公司一家

东印度贸易公司是英国贸易领域的主要参与者，但许多其他英国公司也正在世界范围内掀起波澜。第一个主要的特许股份公司是莫斯科公司，这家公司专门从事英国和莫斯科（也就是今天的俄罗斯）之间的贸易。与这个神秘国家进行贸易，旅程十分危险，但当理查德·钱塞勒（Richard Chancellor）最终到达莫斯科时，发现了一个渴望交易的市场。英国羊毛被换成了俄罗斯毛皮和一系列贵重货物。因为莫斯科公司的存在，“恐怖大帝”伊万四世向伊丽莎白求婚。

另一家主要的英国特许公司是黎凡特公司

（Levant），或称土耳其公司（Turkey），它在外国香料的诱惑下前往奥斯曼帝国（Ottoman Empire）。黎凡特公司从丝绸和贵重的葡萄干贸易中积累了一小笔财富。这家公司与众不同，因为公司领导似乎从来没有殖民野心，而是与苏丹密切合作。这样有利于建立互惠互利的关系。

被遗忘的都铎探险家

这些探险家的探险为英国走向世界开辟了道路

汉弗莱·吉尔伯特（Humphrey Gilbert）

1539—1583

吉尔伯特是沃尔特·雷利爵士同母异父的兄弟，1583年，他前往加拿大最东部探险，建立了圣约翰纽芬兰（St John's Newfoundland）。吉尔伯特是英国殖民帝国在北美的早期开拓者，最初试图通过航行寻找一条穿越北美到达亚洲的航线。

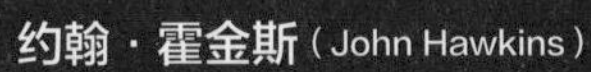

约翰·霍金斯（John Hawkins）

1532—1595

霍金斯是弗朗西斯·德雷克的堂兄，他不仅是海军总设计师，而且还多次探索西非和南美。他是一位贸易先驱，从奴隶贸易中获利颇丰。

理查·格伦维尔（Richard Grenville）

1542—1591

作为英国的战争英雄，格伦维尔是最早一批试图在新大陆定居的人。他试图在罗阿诺克岛（Roanoke Island）建立殖民地，后在“复仇号”上英勇牺牲，这一事迹因丁尼生的诗歌《复仇》而流传。

马丁·弗罗比舍（Martin Frobisher）

1535/1539—1594

弗罗比舍决心要寻找一条西北通道作为通往印度和中国的贸易路线，并为此进行了三次航行。这位私掠者认为自己收集了1550吨黄金，但事实证明他收集的只是毫无价值的黄铁矿。

理查德·霍金斯（Richard Hawkins）

1562—1622

他是约翰·霍金斯的儿子。他扬帆启航前往南美洲掠夺西班牙王室的财产，并坚持认为这次探险的目的是地理发现，但是他对西班牙城镇的掠夺说明情况并非如此。

都铎之旅

英格兰，1485—1603

人们普遍认为，在航海方面，英国是历史上最强大的国家之一。但在都铎时代，情况却远非如此。西班牙船只称霸海上；英国只有一支羽翼未丰的海军，许多水手只在可以看见海岸线的范围内活动，不敢冒险进入远海。比英国更强大的国家拥有先进的导航设备和技术，并且正在遥远的土地上搜刮掠夺，英国必须迎头赶上。海上生活给水手们带来了成名和发财的机会，也带来了冒险和刺激，风险随之而来。都铎王朝的船只环境狭小，船上气味难闻，十分危险，船队即使能够幸存下来，也可能需要数年才能返回。

住哪儿？

普通水手在船上享受的条件并不奢侈豪华。海员们必须共用一个房间，甚至就睡在甲板上。这些狭小的房间没有通风的窗户，空间很小，躺下都很困难。每位水手只有一套衣服，所以房间里的气味也不太好闻。房间不但不舒服，而且成了疾病的滋生地。船上最好的休息地方是船长室或副驾驶室。如果能够得到其中一间，你就有了自己的空间休息。在船上，空间是最宝贵的，所以有个地方让自己躺下就是一种奢侈。

注意事项

遵守规则。对违法者的惩罚是非常严厉的，包括酷刑——船底拖曳。

吃水果和蔬菜。这将为你提供必要的维生素C，使你远离坏血病。在科学家们发现这一点之前，船长们就已经知道了。

享受你的空闲时间。水手们玩双陆棋、骰子游戏等，甚至演奏泰伯管等乐器娱乐。

照顾好你的东西。在如此狭窄的环境中，物品很容易丢失。许多水手用他们的姓名首字母或用涂鸦的方式来标记识别他们的财产。

别落水。令人惊讶的是，许多水手不会游泳，而且人们忌讳营救落水者。

别碰动物。船上不仅有作为船员食物的牲畜，还有老鼠出没。

希望晚上能睡个好觉。直到1596年，吊床才在英国船只上使用。

制订长期计划。水手的预期寿命极低。水手想要存活下来，不但要有技能，还要靠运气。

和谁交朋友？

厨师

都铎船上最大的杀手之一是饥饿和饮食不均衡导致的疾病。虽然船员在刚上船时吃的是新鲜食物，但新鲜食物很快就吃完了，水手们不得不吃咸鱼、咸肉和压缩饼干，而蛆虫往往捷足先登，比水手们先吃到这些食物。船上的厨师负责分发食物，尽管和厨师交朋友并不能帮你摆脱坏血病，但赢得他的青睐肯定不是什么坏事。

额外提示：船上的外科医生可能是你最好的朋友，也可能是你最坏的敌人：他装备精良，可以清除你身体里的异物，但要是你染上了传染病，他也爱莫能助。

都铎王朝的法律很严厉。例如，一个杀人犯会被绑在受害人身上，一起扔到海里。

要躲着谁？

海盗

都铎时代最大的威胁之一就是海盗袭击。探险是一件危险的事情，一艘满载贵重货物的船只对海盗来说是一个极大的诱惑。袭击船只的并不都是无法无天的流浪汉：私掠者也是一个主要的威胁，这些人本质上就是海盗，他们得到国家授权对敌舰进行攻击。海盗通常不会杀死对方船员。保护自己战利品最好的方法是为船只配备足够的火力，船员编制要完整，如果你有能力，最好不要单船航行，要结队而行。

有用的技能

要想在危险的海洋中生存，
掌握这些关键技能至关重要。

狩猎

由于缺乏新鲜的食物，水手们积极捕捉任何能够捉到的动物，希望能够吃到新鲜的肉。这些动物包括但不限于鲸鱼、海豹、企鹅、海龟和海鸟。

导航

英国水手的航海技术实际上远远跟不上时代。他们努力使用工具测量经度及太阳和恒星的位置，结果他们往往弄错了方向，走上了返程的道路。

体力

都铎王朝船上的工作不是意志薄弱的人能干得了的。水手们要日复一日进行体力劳动，累得腰酸背痛。水手们要抽船舱里的海水，擦洗甲板，升降船帆。

维他斯·白令
(Vitus Bering)
远征东方的探险家

人们认为白令是第一个发现阿拉斯加的欧洲人，他对世界的东部进行了探索，并因此闻名于世。

1725年，维他斯·白令代表俄罗斯帝国开始了为期五年的远征。这位丹麦海员曾经希望能够回答一个由来已久的问题：美洲和亚洲是连在一起的，还是有一片水域将两者分开了？

为了寻找答案，他踏上了旅途，穿越遥远的西伯利亚东北部，希望能看到美洲海岸。如果能看见美洲海岸就说明存在一条东北通道，一条俄罗斯梦寐以求的海上路线，通过这条路线可以绕过西伯利亚前往中国。这也会让俄罗斯实现向北美扩张的野心。白令无功而返，没有获得重要证据，可以想象他是多么失望啊！当白令的船员在俄罗斯和北美之间的海峡航行时，一场大雾阻止了他们的行程，迫使他们放弃了向北的长途航行，结果没有看到陆地。白令回到了圣彼得堡（St Petersburg），受到了广泛的批评。他可能也认为这两块陆地并非连在一起，这完全正确，但探险队没有给出任何确切的答案。

没过多久，白令就提出第二次远征的想法，继续彼得一世大帝委托的事业。1733年，第二次远征的船队从圣彼得堡出发。这次远征的范围大大超出白令的核心目标。在海军学院的赞助下，白令负责为这次远征制订计划，当然也增加了第二个目标。这次远征后来被称为俄罗斯北方大探险（Russian Great Northern

—决定性时刻—

第一次探险

如果说白令的第一次探险是失败的，真是有点儿言过其实，但恶劣的天气却迫使他返回圣彼得堡，没能继续探索东开普（East Cape）以外的西伯利亚海岸，他因此遭到了世人的口诛笔伐。

1730年3月

维他斯·白令

1681—1741

人物简介

维他斯·白令是来自丹麦的地图绘制员和探险家，曾担任俄罗斯海军军官。他指挥了两次俄罗斯探险，也就是堪察加半岛第一次探险和北方大探险，希望确定亚洲和北美是否有陆地相连。因为他的探险，欧洲发现了阿拉斯加。

▲ 在对瑞典的大北方战争（Great Northern War，1700—1721）期间，白令曾在海军服役，后来成为一名成功的探险家

堪察加半岛第二次探险是世界上规模最大的科学冒险活动

Expedition），或第二次堪察加半岛探险计划（Second Kamchatka），是世界上规模最大的科学探险。

这次探险投入了大量资金，人们对它寄予厚望，希望通过这次探险可以绘制出俄罗斯-西伯利亚和北美西海岸的地图，找到向南通往日本和中国的伟大航线，并建立鄂霍次克港（Okhotsk），扩大俄罗斯帝国版图。同样重要的是，白令带上了一批学者去研究西伯利亚大陆，并对西伯利亚的历史、考古、地图、地理和民族志有了更多的发现。由此得到的结果，对于今天来说仍然非常重要。

为了进展得更快，彼得大帝要求白令与俄罗斯航海家和船长阿列克谢·奇里科夫（Aleksei Chirikov）共同担任探险司令，奇里科夫实际上成了白令的副手。奇里科夫带领500人先往东航行，大约十天后，白令带着他的妻子安娜和两个最小的孩子追赶奇里科夫。四个月后，三位重要的学者——博物学家和地理学家约翰·乔治·格梅林（Johann Georg Gmelin）、法国天文学家路易·德拉克罗埃（Louis Del'Isle de la Croyère）和先驱动物行为学家格哈德·弗里德里希·米勒（Gerhard Friedrich Müller）——也踏上了探险之旅。为了调查乌拉尔山脉（Ural mountain

— 决定性时刻 —

不可思议的发现

白令的探险之旅回报丰厚。乔治·威尔赫尔姆·斯特勒在探险期间研究了当地的野生动物，发现了一种（现已灭绝）海牛目动物，名为“斯特拉海牛”（又名大海牛或巨儒艮——译者注）。与此同时，白令成功绘制了阿拉斯加海岸线的地图，在此过程中发现并命名了圣埃利亚斯火山。这是一次成功的探险，但因为这次探险，他丢了性命。

1741年

range）东侧的生命和环境，这三位学者和16位科学家及艺术家一起穿越了西伯利亚。

据说总共有10000人参加了这次探险，探险队员中有士兵、木匠、海军军官和船夫。他们被分成不同小组，探索不同的地理区域。学者们对西伯利亚的人群和文化进行了研究，积累了大量关于西伯利亚陆地的知识，探险家们积累了绘制精确地图所需的信息。白令探险队继续向东推进，使得沙皇掌握了世界三分之一的陆地。

除了探索陆地之外，白令还开始为远航做准备，以探索更远的地方。鄂霍次克港位于俄罗斯远东地区，当时是个发展中的港口。在那里，白令委托建造了两艘船只，也就是“圣彼得号”和“圣保罗号”，但工程进展缓慢。在等待的过程中，他又探索了西伯利亚北部一个相当大的区域，并为这一区域绘制了地图。他的妻子和孩子于1740年返回圣彼得堡，他仍然留在那里继续他的探险。

他派航海家伊万·耶拉金（Ivan Yelagin）前往堪察加半岛的阿瓦查湾（Avacha Bay）为他建立一个定居点，并以他的船名命名为“Petropalovsk”——彼得和保罗。1741年6月，白令指挥“圣彼得号”，奇里科夫指挥“圣保罗号”，一起向美洲驶去。探险队首先向东南方向前进，试图找到传说中的乔达伽马大陆（Joao-da-Gama-Land），据说这块位于日本北部的土地是在1589年被发现的。

随后，他们发现这次航行一无所获，于是转向东北方向，但途中忽然起了大雾，他们走散了。即便如此，他们还是不顾一切地继续前进，白令的船员绘制了海岸线地图，并于7月16日见到了圣埃利亚斯火山（Mount Saint Elias，北美第二高峰，位于育空和阿拉斯加的边界）。在返回途中，他们在阿拉斯加南海岸发现了科迪亚克岛（Kodiak Island），这是美国第二大岛。

探险队成功地发现了阿拉斯加和阿留申群岛（Aleutian Islands），这些岛屿打开了贸易的大门，并产生了长期的影响。但是到了11月，由于风暴肆虐，他和他的船员在堪察加半岛附近的一个岛屿时遭遇海难。白令得了很严重的坏血

▼ 以探险家白令命名的白令岛位于白令海中的堪察加半岛附近，白令海也是以他的名字命名的

病，最终于1741年12月8日逝世。

剩下的船员花了十个月的时间建造了一艘新船，并返回彼得罗巴甫洛夫斯克港。但白令从未被遗忘——他曾率领一支探险队，看到了西伯利亚北极海岸的大部分地区和北美海岸线的大片区域。他死后埋葬的那个岛屿被称为白令岛，其周围的水域被称为白令海，俄罗斯和美国之间的海峡被称为白令海峡，阿拉斯加的一座冰川也以他的名字命名。他的确是一位传奇探险家。

▲ 这张照片拍摄于1884年至1886年间，照片中是一群白令岛猎人

与当地人接触

当俄罗斯探险家到达阿拉斯加时，这块土地上大约有80000名土著居民。俄罗斯人称呼阿拉斯加土著群体为阿留申人。这群人居住在阿留申群岛的所有主要岛屿以及舒马金群岛（Shumagin Islands）和阿拉斯加半岛上，据说当时有18000名之多。

皮毛商从俄罗斯海岸航行到阿留申群岛，狩猎点和贸易站很快就建立起来。俄罗斯人希望阿留申人为他们捕猎海洋生物。俄罗斯人不仅暴力胁迫阿留申人为他们工作，还经常将妇女和儿童扣为人质，让阿留申人用皮草换取他们的生命。

记载显示，1784年，在西海岸的阿姆奇卡岛（Amchitka Island）上发生了阿留申人反抗俄罗斯人的起义。但是俄罗斯探险也对当地产生了深远的影响，由于俄罗斯东正教的渗透，许多阿留申人成为基督徒。即便如此，疾病还是十分盛行，因为阿留申人对许多新的外来疾病没有免疫力。据报道，在1741年至1759年和1781年至1799年间，80%的阿留申人死于欧洲人携带的传染病。

澳大利亚是如何被发现的?

南方伟大的土地

南方这片伟大的土地吸引了水手、海盗、商人、国王甚至是教皇。让我们来一起了解，强风、星体、宗教狂热和经济是如何把我们带到澳大利亚的。

1770年8月20日，英国国旗在银沙滩上升起，在微风中飘扬。登陆队的枪声齐鸣了三次，得到了“奋进号”的回应，泊进了海湾。

詹姆斯·库克和他的船员已经在海上漂流了724天，普利茅斯已经成了遥远的记忆，他们离开新西兰也已经有141天了。探险队仅有不到100人，乘坐一艘小船在浩瀚的海洋中漂荡，他们绘制了海岸线及许多岛屿和海湾入口的地图，然后向西驶向范迪曼之地（Van Diemen's Land），再继续向北航行，寻找库克在密封命令中承诺的“未知南方大陆”（澳大利亚）的东海岸。

探险队表面上是要到太平洋上目睹百年难遇的金星凌日现象，实际上他们是声东击西，以探索发现的名义进行一项秘密任务。他们拥有王室许可证，可以代表王室对无人定居的土地宣示主权，并科学记录异国景象和天空。当探险家、天文学家和启蒙运动英雄詹姆斯·库克中尉登上陆地，宣称英国拥有这片南方伟大的土地时，他们并不是发现一个新世界，而是拜访一位老朋友，他们将这片广袤大陆的整个东部地区称为新南威尔士（New South Wales）。

400年来，库克不是第一个高举国旗来到澳大利亚的人，在他面前的是一条由沉船、战争、香料和海盗铺就的道路，但首先，必须有探索的想法才行。

澳大利亚西部
船长：威廉·丹皮尔
船号：罗巴克号
国籍：英国
发现日期：1699年7月26日
澳大利亚北部
船长：威廉·杨松
船舶：杜伊夫根号
国籍：荷兰
发现日期：1606年2月26日
阿拉夫拉海
帝汶海
达尔文
珊瑚海
印度洋
澳大利亚东部
船长：詹姆斯·库克
船号：奋进号
国籍：英国
发现日期：1770年8月20日
新荷兰
澳大利亚
布里斯班
澳大利亚西部
船长：德克·哈托格
船舶：爱因德莱特号
国籍：荷兰
发现日期：1616年10月25日
珀斯
新南威尔士州
阿德莱德
悉尼
堪培拉
时间
威廉·杨松（1606）
德克·哈托格（1616）
阿贝尔·塔斯曼（1642）
威廉·丹皮尔（1699）
詹姆斯·库克（1770）
塔斯马尼亚
船长：阿尔贝·塔斯曼
船舶：汉姆斯科尔科号和
泽哈恩号
国籍：荷兰
发现日期：1642年11月24日
塔斯曼海
南大洋

1000多年前，15913千米外的毕达哥拉斯点燃了库克的想象力。大约在公元前530年，这位玛士撒拉数学家为了逃避暴政，离开了他在古希腊东部小岛上的故乡萨默斯（Samos），逃到了今天意大利的克罗顿（Croton），创立了自己的思想流派并拥有一批追随者。然后他从古埃及出发，前往印度，把自己的经历付诸实践，设计出了以自己名字命名的定理（毕达哥拉斯猜想）。毕达哥拉斯还认为，我们的世界是一个球体，因此在南方必须有一个巨大的陆地来平衡这个球体。两个世纪后，亚里士多德（Aristotle）根据月食时地球上的圆形阴影和向南航行时星座位置的变化进一步论证了这一理论。亚里士多德对夜空进行研究之后，罗马地理学家庞波尼乌斯·梅拉（Pomponius Mela）绘制了地图，将世界划分为南北两个区域。后来古希腊占星家、天文学家、地理学家和思想家克劳迪斯·托勒密（Claudius Ptolemy，90—168）汇编了他的鸿篇巨制《地理》，收录了他掌握的关于世界各地区的所有知识，并进一步提出，途中“怪物”当道，人们是不可能到达“南方大陆”（Terra Australis）的。

世界上存在着南方大陆，这一概念在人们心中生了根，这一点从文艺复兴时期的地理和制图中可见一斑，后来，每一张地图都绘有这片伟大的南部大陆的大致模样。1768年，库克接到伦敦皇家学会的任务，要他进行一次实况调查探险。他还接到了一封密函，指示他扩大不列颠帝国的版图。同样，让他开始探索发现之旅的也是政治和经济动机。

1368年，从东欧一直延伸到日本海的强大蒙古帝国土崩瓦解，人们不能再通过陆路前往财富之地中国和印度。可汗和教皇之间曾经建立了令人惊讶的友好关系，现在被欧洲和新兴的奥斯曼帝国之间的紧张关系所取代，通往东方的陆路通道也因此关闭了。由于对香料、丝绸、茶叶和瓷器的需求，贸易国开始寻找进入印度洋和更远海域的航线，首先是葡萄牙人和西班牙人，然后是荷兰人、法国人和英国人。

欧洲超级大国开始重新审视他们的地图和地球仪，强大的斯里兰卡泰米尔商王朝在9世纪至14世纪建立了自己的海上贸易帝国，并将手伸向了东南亚。他们的货舱里装满了印度的奢侈品，并通过艺术和建筑让泰国、爪哇、马来西亚、越南和柬埔寨感受到了他们的存在。到了18世纪，曾经辉煌的帝国逐渐衰落，取而代之的是殖民者葡萄牙人，然后是荷兰人和英国人。然而，有证据表明，泰米尔人以前就去过那里：1836年发现了一艘14世纪船上的钟，上面刻着泰米尔语。

葡萄牙和西班牙陷入了一场商业冷战，接着，世界逐渐开放，这两个国家又开始争夺领土和贸易，陷入了军事竞赛，并在1494年签订的《托德西拉斯条约》和1529年签订的《萨拉戈萨条约》上陷入僵局。

葡萄牙王室的足迹已经遍布东非、印度和马来西亚，马六甲市及班达海（Banda Sea）的岛屿盛产肉豆蔻和丁香等香料，这些岛屿成为其利益中心。1590年，他们还在帝汶岛上建立了一个贸易基地，距离现在葡萄牙北部领土上的达尔文（Darwin）只有720千米。葡萄牙宣称，亚洲大部分地区都是他们自己的，只是让竞争对手西班牙人在没有香料的菲律宾建立了未来的立足点。萨拉戈萨线整齐地将新几内亚一分为二，他们可能并不知道这一点，也不知道传说中“未知的南方大陆”。

在教皇克莱门特八世（Pope Clement VIII）和国王菲利普三世（King Phillip III）的支持下，佩德罗·费尔南德斯·德奎罗斯（Pedro Fernandez de Queirós）于1603年从秘鲁出发。他带领三艘船只，将为西班牙找到南方新大陆澳大利亚并对其宣示主权。他们跟随“上帝的旨意”航行，最后在斐济西部的瓦努阿图（Vanuatu）登陆。误认为这是上帝的恩赐，他们便把它命名为澳大利亚圣埃斯皮里图（La Australia del Espritu Santo），意思是“南部神圣之地”——然后试图建立一个名为新耶路撒冷（Nova Jerusalem）的殖民地，并建立了圣灵骑士团保护这个殖民地。由于瓦努阿图人和德奎罗斯的船员之间充满敌意，新耶路撒冷遭遇耻辱性失败。

具有讽刺意味的是，最接近实现自己梦想的实际上是德奎罗斯的副手路易斯·瓦兹·德·托雷斯（Luís Vaz de Torres）。托雷斯与德奎罗斯分开后，率领其余两艘船前往马尼拉。大风把他吹到新几内亚的南部而不是北部，他和他的船员成为第一个记录在案的穿越托雷斯海峡的航海者，这个以托雷斯的名字命名的海峡将新几内亚和澳大利亚分开。托雷斯可能没有看到南方大陆的北岸，但他却靠近了那里。

▲ 杨松的“小鸽子”

1578年，葡萄牙国王塞巴兹蒂安一世（King Sebastian I）去世，没有留下继承人。西班牙乘机在1580年入侵葡萄牙，西班牙国王菲利普三世的父亲独揽两国王位。西班牙同时也获得了葡萄牙的殖民地，而西班牙无数的敌人对那些遥远的、日益衰弱的葡萄牙殖民地也虎视眈眈。在接下来的20年里，英国、法国和新独立的荷兰共和国紧跟伊比利亚的脚步，前往北美、南美、印度、非洲和东南亚，一块一块地瓜分了那里的大片土地。

1605年，“达伊夫肯号”（“小鸽子号”）的八门大炮因在香料群岛与葡萄牙人发生小冲突而变黑，它从刚被荷兰控制的爪哇起航，代表荷兰东印度公司探索新几内亚海岸。威廉·杨松（Willem Janszoon）担任船长，他在1606年登陆澳大利亚，成为记载中登陆澳大利

▼ 库克勇敢、冷静，具有领袖气质，正因为如此，他才能在澳大利亚东海岸航行时避免灾难的发生

亚的欧洲第一人，当时他认为澳大利亚是新几内亚西部海岸线的延伸部分（他没有经过托雷斯海峡。一个多世纪后，库克船长才最终证明澳大利亚是一块独立的陆地）。这里沼泽丛生，不宜居住。“小鸽子号”的名字听起来很绅士，但它的船员却一点儿也不绅士，这些荷兰人绑架了一些澳大利亚土著女性。他们因此遭到土著人的强烈攻击和报复，没办法，他们只能回到船上，早期与土著人建立的友好关系变得很糟糕。

1616年，德克·哈托格（Dirk Hartog）紧随威廉·杨松之后，开启了“伊恩德拉赫特号”处女之旅。船只与穿越好望角的荷兰东印度公司的船队分开了，哈托格巧妙地利用了南纬40度“咆哮的西风带”——强大的西风可能会让行程缩短几个月。无论是有意还是偶然，他穿越印度洋的航线比平时更偏南，超出了安全的范围。“伊恩德拉赫特号”抵达西澳大利亚，留下了一个扁平的白镴餐盘作为证明。荷兰东印度公司把速度看得比生命还重要，无论多危险，该公司坚持让它的船长们利用“南纬40度咆哮的西风带”。也是因为这一点，在接下来的几十年的时间里，荷兰人多次看到了澳大利亚，地图上越来

澳大利亚探索世界

当欧洲的探险家们越来越逼近的时候，澳大利亚的近邻们已经向这片大陆伸出了手，而澳大利亚则将手伸了出去。

16世纪至18世纪（可能早在12世纪），来自苏拉威西岛（Sulawesi，现在是印度尼西亚的一部分）的马卡萨人以捕捞海参为业，供应中国市场。他们与澳大利亚土著人交换捕叉，将布料、烟草、金属斧头、刀具、大米和杜松子酒卖给土著人，而土著人则以海龟壳、珍珠和松柏作为交换。一些土著人也加入马卡萨人的队伍捕捞海参。

马卡萨人留下的遗产包括天花和新的词汇等。马卡萨大约有350到750种语言或方言，由相同数量的土著部落使用，而马卡萨语是沿海通用语。许多与爪哇语和印尼语密切相关的词汇至今仍被当地土著人使用。马卡萨人可能也留下了宗教信仰的痕迹，一些历史学家认为当地土著人的仪式含有伊斯兰教（15世纪被苏拉威西人接受）的元素。

与马卡萨人的接触跨越了约尔尼的整个世界，他们将目光聚焦海洋，制作了适应力很强的独木舟，这种马卡萨风格的独木舟使他们能够一直行驶到托雷斯海峡群岛和新几内亚。托雷斯群岛岛民自己制作了长达20米的小船和远洋独木舟，以便与大陆和新几内亚进行贸易——这种做法一直延续至今，根据托雷斯海峡条约，这些小船和独木舟不受任何海关和边境管制。

澳大利亚土著和托雷斯群岛岛民的这一共同生活方式，四百多年以来都没有改变。

▲ 马卡萨人是澳大利亚人早期的生意伙伴

▼ 土著水手使用独木舟

越多的地方被标注出来，也有越来越多的船只被岩石撞得粉身碎骨。失事船只中最古老的是“特里奥号”，1622年，它从普利茅斯出发，在前往爪哇的途中沉没，船长是约翰·布鲁克。

这群欧洲人行为鲁莽，结果被赶回了澳大利亚海边，而阿贝尔·塔斯曼则和他们不同，他是个小心谨慎的人。1642年，为了向荷兰东印度群岛的总督安东尼·范迪曼（Anthony van Diemen）表达敬意，塔斯曼让船上的木匠游上岸去插上国旗，而不是冒着船只撞到岩石上的危险，前去夺取“范迪曼之地”（现称塔斯马尼亚）。

这一敬意范迪曼当之无愧——在他的领导下，荷属东印度群岛的很多地方的地图被绘制出来，成了领土扩张的中心。库克在前往塔斯马尼亚的途中通过图画、日志和地图获得了很多错综复杂的细节信息，并成为第一个抵达新西兰的欧洲人，库克参考了塔斯曼一个世纪以前的记录，在波弗蒂湾（Poverty Bay）登陆，并代表英国宣示主权。

1644年，塔斯曼再次回到澳大利亚，绘制了北部海岸的地图，并将其命名为“新荷兰”，以取代以前的名字“南方的大陆”。在库克到访、新南威尔士殖民地建立时，“新荷兰”这个名字还在使用。在塔斯曼第一次命名“新荷兰”的180年后，这片土地才正式更名为“澳大利亚”。

如果说阿贝尔·塔斯曼是詹姆斯·库克效仿的榜样，那么威廉·丹皮尔（William Dampier）也许就是库克终极向往的传奇人物。

作为一个出身卑微的英国海盗，丹皮尔曾经完成了创纪录的三次环球航行，并于1697年写了一本畅销书《环球航行》。书中描述他拯救了一个人，这个人就是后来丹尼尔·笛福的小说《鲁滨孙漂流记》的主人公鲁滨孙·克鲁索的原型。丹皮尔的冒险经历给英国海军留下了深刻的印象，以至于在1699年他被任命为皇家海军“罗巴克号”（HMS Roebuck）的掌舵人，接受探索新荷兰并揭开东海岸面纱的任务。丹皮尔收集了澳大利亚植物和野生动物样本，种类之多史无前例。“罗巴克号”军舰腐烂进了水，经过简单的修理，他们才得以踏上归途。他们放弃了探索东海岸的任务，这位不太专业的博物学家后来被困在了阿森松岛（Ascension Island）。

丹皮尔因失去了他掌管的船只而被军事法庭审判，被认为“不适合指挥英国海军的任何船只”。他很快又开始了杰克·斯派洛式的海盗生活，但这是1699年以后的事情了。1699年，丹皮尔出版了新书《新荷兰之旅》，书中有大量关于动植物、岩石和气流的细节描写。

丹皮尔未能实现他最重要的战略目标，还失去了他的船只，但他的航行带来了思维范式的改变，不仅在英国，在法国也是如此。然而，又花了将近一个世纪的时间，这些思想才得以付诸实

世界上存在着“南方大陆”的概念在人们心中生了根，这一点从文艺复兴时期的地理和制图中可见一斑。

践。这一次又是在政治和利润的驱使下，许多航海家、植物学家、探险家和东印度公司的人被派去探险，他们带着旗子去宣示主权。1763年七年战争结束，殖民地的马匹贸易和国家交换使得西班牙、法国和英国之间的关系陷入对峙，比15世纪与16世纪葡萄牙和西班牙之间的关系更为复杂混乱，繁荣的帝国又一次失去了扩展的空间，只能将目标投向未知的领域。

在上一次战争的战场上，海军军官们像库克一样，已经证明了自己的价值。到了和平时期，战时规模的海军在船只、人员、资金和经验方面都出现了过剩现象，于是，海军军官们被频繁地派往太平洋探险。海军部于1765年派遣约翰·拜伦准将（Commodore John Byron）、1766年派遣塞缪尔·沃利斯上尉（Captain Samuel Wallis）乘坐英国皇家海军“海豚号”、1766年派遣菲利普·卡特雷特上尉（Captain Phillip Carteret）乘坐英国皇家海军“燕子号”、1769年派遣库克，这几位都将红、白、蓝三色旗插在了太平洋的各个岛屿上，他们也从未忘记过澳大利亚。

詹姆斯·库克和他的先行者们全速驶向南方，法国探险者紧随其后。澳大利亚地图将继续被一寸一寸地标注出来。虽然鼓起他们风帆的是经济、政治或帝国的力量，还有那“南纬40度咆哮的西风带”，但是他们的成就仍然是理性和探索发现的胜利。库克终于登上了澳大利亚，并感觉到了脚下的沙子嘎吱嘎吱作响，他的成功确实是建立在过去远征的基础上的——塔斯曼、丹皮尔和沃利斯的著作，还有那些可以追溯到古希腊的思想，都功不可没，但他的发现将为一个殖民地奠定基础，而这个殖民地最终成了一个国家。

库克声称新南威尔士与新荷兰相连，但不与范迪曼之地接壤，欧洲殖民者要过很多年才能知道这一点。

他们的船只穿越未知的海洋，进入陌生的地平线，这些思想家、海员、海盗和商人属于不同的世纪，他们结束了澳大利亚漫长历史中的一个篇章，无论未来如何，新的篇章即将开始。

新西兰之旅

长白云之地

这块土地形成于九千万年前，
直到740年前才有人出现在这片土地上。
新西兰让每个探险家都惊叹不已。

新西兰远离其他文明，几乎是最后一个被殖民的重要大陆。最早在这块土地上定居的是13世纪波利尼西亚的探险家们，他们来自4000千米以外大溪地（Tahiti）周围的岛屿。他们驾驶着可乘坐60人的大型独木舟来到这里，带来了波利尼西亚老鼠（或称基奥尔，毛利语称其为kiore）。这种老鼠不擅长游泳，探险家们饲养波利尼西亚老鼠是为了把它们当作食物。对早期人类聚居地的考古发掘发现，种子壳上有明显的波利尼西亚老鼠啃噬过的痕迹，这些种子壳的年代测定表明，在1280年以前，新西兰没有人类。这些早期的殖民者就成了毛利人，他们的语言和其他波利尼西亚人相似，但有自己独特的文化。在19世纪的欧洲，人们普遍认为毛利人可能取代了一个更古老的文明——莫里奥文明（Moriori）。按理说，这些更原始的人本应在与毛利人的竞争中灭绝，除了东部查塔姆群岛（Chatham）上的一小部分人幸存了下来。但是，事实恰恰相反。莫里奥人最初是来自新西兰的毛利人探险家，1500年前后在查塔姆群岛殖民。他们在文化上与新西兰毛利人失去了联系，直到19世纪30年代，他们遇到乘坐欧洲帆船旅行的毛利人时才开始自称莫里奥人。

到了16世纪60年代，西班牙和葡萄牙的帆船经常在太平洋上来回航行，但在欧洲地图上，印度尼西亚南部基本上还是一片空白。直到1642年，荷兰商人兼海员阿贝尔·塔斯曼首次发现了新西兰。塔斯曼被荷兰东印度公司派去为一个叫“海滩”（Beach）的地方绘制地图，这个地方当时还完全不为人所知，据说在人们长期以来一直寻找

阿贝尔·塔斯曼认为它是斯塔滕岛的一部分。

▼ 1772年，詹姆斯·库克在夏洛特皇后湾上岸，将英国“皇家探险号”和“决心号”停在该海湾

的“南方大陆”的北部海岸。塔斯曼找不到这个地方，因为它压根儿就不存在，至少它并不在当时地图所暗示的位置上——当时的地图确实吊人胃口，但它们只是对位于南太平洋边缘的广阔未开发大陆的猜想罢了。问题是，所有这些地图都是对马可·波罗300年前旅行记录盲目接受的结果，我们知道，马可·波罗的记录包含了多处错误。但是，他们认为，和所有之前未被发现的土地一样，南方大陆应该也是遍地黄金，荷兰东印度公司渴望捷足先登，找到黄金。

詹姆斯·库克为新西兰的一些沿海地标命名。库克山和库克海峡都是以他的名字命名的。

塔斯曼并没有简单地一直向南航行，他是从荷兰的巴达维亚港（Batavia，今天印度尼西亚的雅加达）出发的。但为了利用盛行风，他几乎一路向东南偏东方向航行，穿越印度洋到达毛里求斯（Mauritius），然后原路折返向西南偏西方向驶去。1642年11月24日，为了向南前进4000千米，他航行了14000千米，终于发现了塔斯马尼亚（Tasmania）的西海岸。塔斯马尼亚岛现在以阿贝尔·塔斯曼的名字命名，但他最初称之为范迪曼之地，以向这次航行的赞助商之一安东

▼“奋进号”只有32米长，船上可以乘载94名船员，考虑到要航行那么长的路程，它确实小了一点儿

▲ 塔斯曼船上的画家笔下的杀人犯湾及他们在那里受到的毛利人的招待

尼·范迪曼表达敬意。塔斯曼绕过南部海岸后，试图向北航行，但恶劣的天气迫使他只能向东航行。结果，几天后他到达南岛西北海岸，成为第一个发现新西兰的欧洲人。塔斯曼沿着海岸向北航行了五天，到达岸边时，他们遇到了乘坐一艘大独木舟的毛利人，遭到了毛利人的袭击，四名海员丧生。当塔斯曼试图扬帆驶离时，又遭到另外11只独木舟的袭击。他用装有霰弹的大炮向毛利人开火，可能杀死了一名毛利人。塔斯曼把那个海湾命名为杀人犯湾（Murderer's Bay，后来改名为黄金湾，Golden Bay），就再也没有回到新西兰。

1643年6月15日，塔斯曼回到巴达维亚，荷兰东印度公司对他感到失望，因为他没能对该地区进行更彻底的探索。他是第一个在南纬27度以南太平洋上航行的欧洲人。但塔斯曼和他的船员都没有踏上新西兰的土地，他对新西兰地理的贡献只是地图上一条不规则的线条，没有任何痕迹表明它是一个岛屿还是属于某个更大的大陆。荷兰人认为没有任何理由为了进一步探索它而再次探险。下一艘船只抵达新西兰海岸将是125年后的事情了。

这艘船的船长是39岁的皇家海军军官詹姆斯·库克，他刚刚晋升为中尉，因此他有足够的地位来指挥他的船只“奋进号”。他的主要任务是观察金星凌日的过程，这一过程将于1769年4月13日出现，在大溪地可以对这一过程进行观测。一完成这一科学测量，他就打开了第二套密封的命令，新的任务是航行到南纬40度，寻找南方大陆。这项任务是秘密的，因为英国希望独自对那片黄金遍地的大陆宣称主权，在把旗帜牢牢地插在这片新土地上以前，英国不想吸引任何其他国家的注意。命令指示库克，如果他到达南纬40度时还没有发现陆地，他就应该转向西方，沿着南纬35度到40度之间的一条走廊航行，直到他到达阿贝尔·塔斯曼先前发现的海岸线。库克

库克对待毛利人的方式是尽可能地与他们建立友好关系。

本人怀疑是否存在未被发现的南部大陆，但他渴望能给他的上司一个确切的结论，因此他不折不扣地遵守了指示。1769年10月6日，外科医生的儿子小尼古拉斯从船只瞭望台上看到了新西兰的西北海岸。为了表扬最先发现这块陆地的小男孩儿，库克将这里的岬角命名为“小尼克之”。

“奋进号”在接下来的六个月里耐心仔细地勘察了新西兰的整个海岸。库克是一个很有造诣的地图绘制者，地图标注得十分细致。他证明这个国家与其他大陆并不相连，还发现了两个岛屿之间的海峡，这是阿贝尔·塔斯曼没有发现的。精确的测量是一项危险的活动，因为它要求船只尽可能地靠近未知的海岸航行。晚上，如果没有适合的地方抛锚，船员们将不得不顶着潮汐，冒着恶劣天气，将船停在原地。库克绘制的新西兰地图即使在今天看来也十分精确，其中只有两个主要错误——克赖斯特彻奇（Christchurch）附近的班克斯半岛（Banks Peninsula）在他的原始地图上被错误地标注为一个岛屿，库克认为南部的斯图尔特岛（Stewart Island）与大陆相连。

库克对待毛利人的方式是尽可能地与他们建立友好关系。他是最早意识到新鲜水果和蔬菜对防止坏血病至关重要的海员之一，因此，他在任何可能的地方都停下来为船只补充给养。但毛利人并不总是欢迎“奋进号”的到来。当他第一次在当地上岸时，四名毛利人袭击了留在海滩上看守船只的水手。“奋进号”的舵手开枪打死了一名毛利人。第二天，库克再次上岸，并在大溪地翻译的帮助下，赠送了毛利人礼物，使事情顺利得到解决。为了让当地人相信他是友好的，库克制订了一个计划，准备在海上捕获一群乘坐独木舟的毛利人，然后赠送他们礼物，再放了他们。结果，当他的船只接近独木舟时，被毛利人发现

▲ 毛利渔民试图在这里绑架库克的一名船员。今天它仍然被称为“绑匪海角”

了，毛利人立即发动攻击，计划就这样泡汤了。三四名毛利人在冲突中被枪杀或受伤，另外三人被俘虏。他们在“奋进号”上受到良好的待遇，并于第二天获释，但作为一种外交策略，这似乎并没有给库克带来任何好处。另一次，一艘载有20名毛利人的渔船驶近“奋进号”。在翻译的帮助下，库克开始和毛利人交易，想买他们的鱼，但是当翻译的童仆到独木舟上取鱼时，却被绑架了。然后，毛利人飞快地划走了独木舟。库克的手下开枪射击，打死两人，打伤一人。小男孩儿在混乱中跳入水中，被“奋进号”救起。库克将附近岬角上陡峭的白色悬崖命名为“绑匪海角”（Cape Kidnappers），以纪念这一事件。

库克绘制了新西兰海岸的地图，然后沿着当时同样未知的澳大利亚东海岸经好望角返回英国。“奋进号”在海上航行了近三个月，于1771年7月10日回到英国。几个月前，英国报纸就已经刊登了这样的报道：由于风暴或法国军舰的袭击，“奋进号”已经沉没了。因此探险船队归来引起了不小的轰动。库克成了名人，但他的日志被幽灵作家约翰·霍克斯沃斯（John Hawkesworth）改写了。他把库克和探险队的植物学家约瑟夫·班克斯（Joseph Banks）两人结合起来，还编造了许多色情淫秽的细节。这些日志受到了媒体广泛的批评，指责它们不但耸人听闻，而且极不准确，但库克本人并没有机会阅读这个版本，因为杂志出版时他已经再次扬帆远航了。

库克并非当时唯一一位进行环新西兰航行的海员。让·弗朗索瓦·玛丽·德·苏维尔（Jean-François Marie de Surville）是法国印度商船“圣让·巴普蒂斯特号”的船长。我们从他的日记中得知，1769年12月13日，狂风把他吹离了航道。白天他在海上航行，离“奋进号”只有九英里，但令人惊奇的是，他们都没有

“奋进号”的仓库里储存了1000块肉、9吨面包、3吨泡菜和1吨葡萄干。

库克的翻译兼牧师

库克开始了第一次航行，并于1769年4月到达大溪地，遇到了一位名叫图帕亚（Tupaia）的波利尼西亚牧师。这个人是秘密宗教组织阿里奥（Arioi）的成员，组织成员崇拜战神奥罗（Oro）。图帕亚很聪明，也很有魅力，他是岛上一位最高酋长的政治顾问，而且还是酋长妻子的情人。1767年“海豚号”船长塞缪尔·沃利斯（Samuel Wallis）在塔希提岛停留期间，图帕亚曾见过这批欧洲人，并且学会了一些英语。他同意加入“奋进号”的新西兰探险之旅，部分原因是为了躲避国内政敌。库克问起了这一地区的地理位置，图帕亚绘制出一张地图，标出了大溪地周围3200千米内的130个岛屿。其中的大部分岛屿他都没有到访过，但这些岛屿的位置是祭司们口口相传的内容。图帕亚充当库克与毛利人的翻译，发挥了至关重要的作用，但他与“奋进号”船员相处得并不好。库克形容他是“一个精明、理智的人，但既骄傲又固执”。“奋进号”在返回途中停靠巴达维亚，不幸的是，图帕亚患上了痢疾或疟疾，于1770年12月去世。

▲ 图帕亚也是一位画家，画下了“奋进号”植物学家约瑟夫·班克斯用龙虾交换食物的场景

▼ 詹姆斯·库克第一次环球航行期间，没有一名船员因坏血病而丧生

波利尼西亚殖民地，约1280

第一批到达新西兰的人来自大溪地附近的波利尼西亚群岛。他们没有六分仪，也没有指南针，只有敞篷双体独木舟，他们乘坐独木舟横渡了4000千米的海洋。

库克第三次航行，1776—1779

到了第三次航行时，新西兰的夏洛特皇后湾已经成为一个常规的停靠点。在北上寻找西北航道途中，库克在那里待了两个星期。

阿贝尔·塔斯曼，1642

塔斯曼是第一个到达新西兰的欧洲人，但他没有在那里登陆，只是在那里停留了一段时间，绘制了主要岛屿和西海岸几小段海岸线的海图。

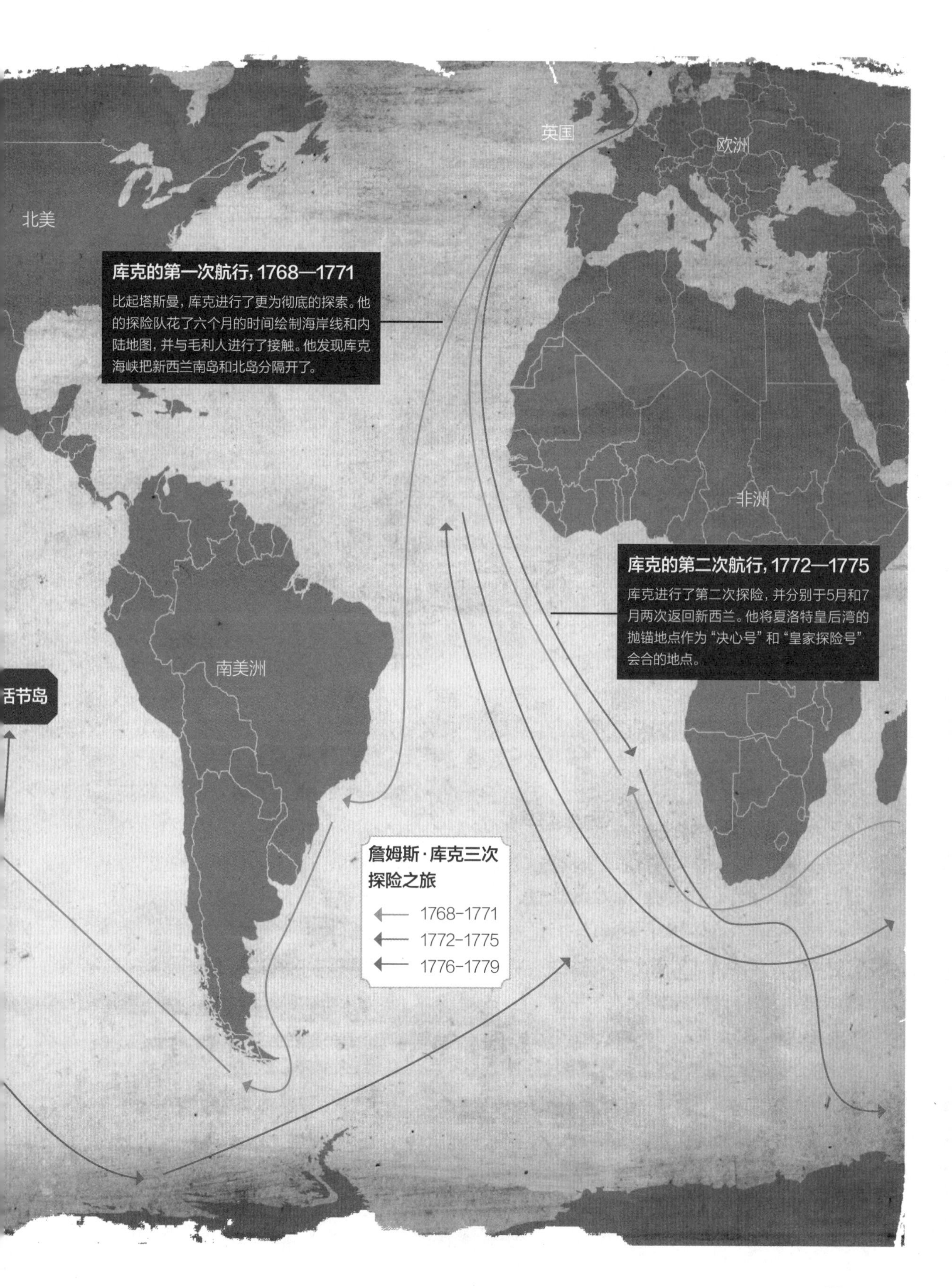
英国
欧洲
北美
库克的第一次航行，1768—1771
比起塔斯曼，库克进行了更为彻底的探索。他的探险队花了六个月的时间绘制海岸线和内陆地图，并与毛利人进行了接触。他发现库克海峡把新西兰南岛和北岛分隔开了。
非洲
库克的第二次航行，1772—1775
库克进行了第二次探险，并分别于5月和7月两次返回新西兰。他将夏洛特皇后湾的抛锚地点作为“决心号”和“皇家探险号”会合的地点。
南美洲
活节岛
詹姆斯·库克三次探险之旅
1768-1771
1772-1775
1776-1779

▲ 从北岛惠灵顿附近的考卡山（Mount Kauka）俯瞰库克海峡。库克海峡最窄处仅22千米

发现对方。另一名法国人，马克·约瑟夫·马里恩·杜弗雷恩（Marc-Joseph Marion du Fresne）于1772年3月偶然发现了新西兰，但他并没有意识到库克三年前就已经发现了这块土地。他与当地毛利人的初次接触情况比库克好得多，探险队受邀到毛利人的村庄休息。他们还花了几个星期学习毛利语，了解当地习俗。但他们之间的关系后来似乎恶化了，可能是因为毛利人希望得到法国人的枪支武器。最终，杜弗雷恩和他的26名船员被毛利人杀死并吃掉了。在陆地上安营扎寨的其余26名船员被一支由1500名战士组成的毛利军队围困了好几天。船员们人数虽少，却拥有极其优越的武器，他们在一场激战中杀死了250名毛利人，其中至少包括五名酋长，并在第二个月又发动了几次报复性袭击，之后才得以突围，返回法国。

欧洲对新西兰心存希望，认为这个地方具有诱人的殖民前景，但是对杜弗雷恩命运的描述使得他们的希望布满了乌云。1772年，杜弗雷恩探险队的幸存者们还没有回来，与此同时，詹姆斯·库克被提升为指挥官，并正在装备第二支探险队，准备启航寻找南方大陆。这一次，他计划把新西兰作为探索南方大陆的基地。夏洛特·桑德女王（Queen Charlotte Sound）在南岛东北海岸提供了一个避风港，这个避风港面向库克海峡，将两个岛屿分隔开来。这次航行，库克乘坐“决心号”，和“决心号”一起航行的还有“皇家探险号”，由托拜厄斯·弗尔诺（Tobias Furneaux）担任船长。两艘船于1772年7月13日起航，驶向好望角，然后向南航行，于1773年1月17日抵达南极圈。当时南极正值夏天，但由于到处都是浮冰，他们无法再向南航行，2月8日，“决心号”和“皇家探险号”在浓雾中走散了。

库克和弗尔诺早就料到了这一点，他们约定如果走散，就在夏洛特皇后湾会合。5月，两艘船只在约定地点会合，然后向北驶往汤加（Tonga）进行补给。他们试图再一次穿越南极圈，途中“皇家探险号”和“决心号”又走散了，这次是因为一场风暴。“皇家探险号”于1773年11月30日抵达新西兰夏洛特皇后湾，但库克已经放弃了等待，于四天前下令向南航行。弗尔诺船长苦苦等待库克却不见其踪影，他的补给快要消耗完了。12月17日，他派人上岸采集蔬菜，但到了傍晚，采集蔬菜的人还没有回来。第二天，弗尔诺派了一批武装海军陆战队员前去调查，发现大船配备的小船被遗弃了，附近大约有20个篮子被拴在一起。这些篮子里面装有烤肉，还是温热的，旁边还有失踪船员的鞋子。海军陆战队划船

库克的山羊是第一只两次环游世界的动物，它被授予“银领”称号。

新西兰特有的野生动物

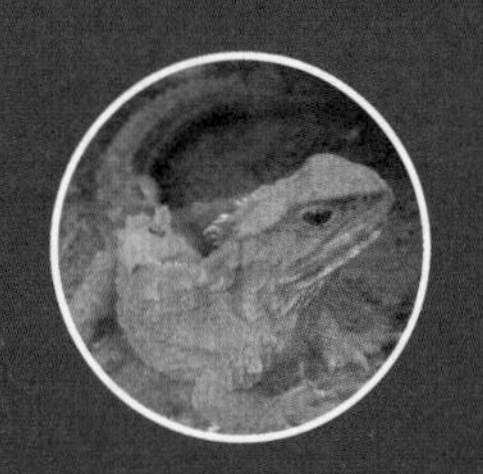

斑点楔齿蜥

严格地讲，斑点楔齿蜥不是蜥蜴，而属于一个独立的爬行动物目。它们由两亿年前进化而来，现在濒临灭绝，只有在岛屿自然保护区才能看到。

贝壳杉

在所有树种中，这种针叶树提供的木材最多。一亿九千万年以来，它几乎没有什么变化。贝壳杉森林是世界上最古老的森林之一。

恐鸟

这种鸟生活在新西兰，一共有九个品种，体型巨大，最大的鸟有两个人那么高，但是不会飞翔，最后因毛利人猎杀而灭绝。

沙螽

由于没有哺乳动物的捕食，这些像蚱蜢一样的昆虫得以进化，拥有巨大的体型。历史上最大的沙螽身长10厘米，比麻雀还重！

继续前进，来到下一个海湾，发现那里聚集了数百名毛利人，还有大量被狗叼走的人体碎片和内脏，毫无疑问，探险队船员遭遇了不幸。

负责指挥海军陆战队的詹姆斯·伯尼（James Burney）中尉在日记中写道：这不是一场有预谋的谋杀，但很可能是因为一场失控的争吵。食人行为可能是毛利人仪式的一部分，毛利人认为这一仪式可以让他们吸取敌人及其祖先的灵魂。

这起事件发生后不久，弗尔诺船长便乘船返回英国，而库克则继续在南极和南太平洋探险，时间长达一年，因此，直到很久以后他才得知这一可怕的事件。库克后来进行了第三次也是最后一次航行，这次探险是为了寻找太平洋和大西洋之间穿过加拿大北海岸岛屿的西北通道。1777年2月12日，他再次驶过新西兰，并将夏洛特皇后湾作为停靠点。毛利人认出了库克，他们非常担心，害怕库克会为弗尔诺船长死去的船员报仇雪恨。尽管库克的船员敦促他下令采取报复行动，但库克拒绝了，他还邀请毛利人首领卡胡拉（Kahura）到他的小屋里共进晚餐。

面对如此可怕的挑衅，詹姆斯·库克冷静而又坚决，这正是使他成为伟大探险家的品质之一。库克探索了这片遥远而又陌生的新大陆，他的贡献无与伦比，他的探险之旅为民族学和人类学奠定了基础。

库克船长

为未知区域绘制地图

这位探险家进行了三次探险之旅，
横渡未知的海洋，在全世界掀起阵阵波澜。

詹姆斯·库克船长能够与沃尔特·雷利爵士和弗朗西斯·德雷克爵士平起平坐，是英国历史上最著名的水手和探险家之一。他进行了三次探险，发现了新西兰、塔希提岛、夏威夷和澳大利亚东海岸，帮助英帝国向全球扩张，并对这些遥远的土地有了更多的了解。

库克1728年出生于约克郡马顿（Marton），他的第一份工作是在一个杂货店内担任见习店员，但他很快意识到自己注定要和大海打交道。18岁时，他就成为一名商船见习船长，6年后在“友谊号”上获得大副头衔。1755年，他放弃了在一艘商船上工作的机会，选择加入皇家海军。不到两年时间，他就晋升为“彭布罗克号”船长。这是一艘装有64门火炮的舰艇，在英法七年战争中前往加拿大与法国人作战。

库克和他的部下看到塔希提人给皮肤染色，水手文身的习惯由此开始。

正是在加拿大，库克绘制了圣劳伦斯河（Saint Lawrence River）的海图，因此在海军界声名鹊起。他是跟随绘图师塞缪尔·霍兰德（Samuel Holland）学习绘图技术的，霍兰德教会了他如何使用制图工具，如何绘制地图，后来库克自己动手绘制了加斯佩湾（Gaspe Bay）的地图。接着，他开始着手完成另一项重大任务，也就是绘制圣劳伦斯河关键战场的地图。

在几个月的时间里，为避开法国军队，库克在夜色掩护下展开工作，最终绘制了圣劳伦斯河的地图。这使英国人得以顺流而下，占领魁北克（Quebec），魁北克围城之战是英法七年战争的一个重大转折点。库克被任命为首席测量员，在接下来的八年里绘制了加拿大东海岸的地图。他对战争的贡献得到了认可，因为这次成

敌人

夏威夷土著居民

库克到达夏威夷岛时，夏威夷人把他当作神灵，但他与当地人的关系却迅速恶化。在库克的一条小船失窃后，他逮捕了一位夏威夷首领，结果库克受伤，送了命。

约瑟夫·班克斯

这位著名的植物学家和库克一起探险，并在库克船长第一次访问大溪地、新西兰和澳大利亚期间收集当地的植物。然而，后来他和库克闹翻了，没有参加第二次探险之旅，这是因为库克船长不允许班克斯在船上多装一个供其休息的木制平台。

原住民

澳大利亚的土著人并不欢迎库克和他的船员来到他们的土地上。据报道，船队抵达植物学湾时，土著人向船只投掷长矛。双方互不信任，互相攻击，这让库克的澳大利亚之行受到了影响。

功，再加上他对数学和天文学的研究，他获得了“奋进号”的指挥权。

天文学家测算出1769年6月将会出现金星凌日现象，但只有在南半球可以观测。英国政府认为观测金星凌日现象意义重大，所以就召集了一批船员，由库克率领前往南方。观察金星凌日是这次航行的主要目的，当然也因为人们对传说中的南部大陆有着浓厚的兴趣。跟随船队的还有天文学家查尔斯·格林（Charles Green）博士和植物学家约瑟夫·班克斯，他们分别负责观察金星凌日和收集异国他乡的植物。

探险队于1768年8月从普利茅斯出发，在南太平洋上法属波利尼西亚最大的岛屿塔希提岛登陆。库克观测到了金星凌日现象，成功完成了他的主要任务，然后船队进一步向西推进到新西兰，接着绕岛航行。1770年，库克成为第一个到达澳大利亚东海岸的欧洲人。

虽然库克受到了塔希提人的热烈欢迎，但澳大利亚土著人却不太高兴看到库克的船员们，他们用长矛攻击了“奋进号”。事实证明，“奋进号”火力更强。库克在植物学湾上岸，代表英国对这块土地宣示主权，并将其命名为新南威尔士。三年后，库克和他的船员们启程回国。

仅仅一年之后，库克再次扬帆起航，这次他带领“决心号”和“皇家探险号”，试图发现澳大利亚更多的地方。1773年1月，他们越过南极圈，但那里天气极其严寒，不得不返回。后来他们又成功到达新西兰和塔希提，发现了复活节岛和汤加，并确认了广袤的超级南方大陆其实并不存在。

库克进行了第三次航行，也是他的最后一次航行，他再次前往北美寻找一个神秘的地方——西北航道。这是一条人们经常谈论的路线，穿越北美，连接大西洋和太平洋。库克再次经过澳大利亚、新西兰和塔希提岛，然后前往北美西海岸。他们在路上看到了夏威夷，但没有在那里逗留。两艘船只继续向阿拉斯加航行，并穿过白令海峡，但是北极厚厚的冰层阻挡了他们前进的脚步。

库克没有直系后代，因为他的六个孩子都还没有为人父母就死亡了。

1778年1月，他们返回夏威夷，在那里受到了极大的尊崇。当库克和他的船员来到夏威夷的时候，岛上居民正在庆祝一个关于海神洛诺的节日。当地

▲ 在大溪地，库克目睹了活人祭仪式

▲ 库克船长的两艘探险船只（“决心号”和“皇家探险号”）在大溪地的马塔维湾

他是一位有责任心、关心船员的船队领袖，但他控制不住自己的脾气，经常会勃然大怒。

▲ 在一场争执中，库克和另外四名水手被当地人杀害

人相信库克就是天神降临，水手们也受到了很好的照顾。他们试图在2月份离开该岛，但由于“决心号”受损，不得不返回岛上。当他们准备再次离开的时候，船上的一条小船被偷，船队和岛民发生了争执。1778年2月14日，库克试图绑架当地的一名首领作为人质进行谈判，结果发生了小规模冲突，库克在凯阿拉凯夸湾（Kealakekua Bay）被刺身亡。船员为他举行了海葬，棺木被投入海中。船员们返回英国，确认西北航道并不存在，并带回他们最伟大的水手和探险家死亡的消息。

库克之所以出名，最主要的原因是他在南太平洋发现了许多岛屿，他也为海军发展做出了重要贡献。

长距离海上旅行最大的杀手之一是坏血病，这是由缺乏维生素C引起的。症状包括疲劳、牙龈疼痛肿胀和黄疸，最终会导致死亡。人们对如何预防这种疾病知之甚少，但库克听取了医生的建议，坚持认为船上要尽可能地保持干净，船员们要尽可能多地吃新鲜水果和蔬菜。多亏这些做法，在他的第一次长途探险航行过程中，没有一例坏血病死亡报告。人们常说，库克从海军底层一级一级升迁到当时的位置，这使他更加同情船员的感受和需要，他之所以会采取如此强硬的立场，为船员创造尽可能好的条件，部分原因也源于此。虽然我们不能认为库克是最先发现这种预防措施的人，但可以肯定的是，他不折不扣地实施了这一预防措施，在海上航行中拯救了无数的生命。

尽管库克船上的环境明显比大多数船只要好，他也是一位有责任心、关心船员的船队领袖，但他控制不住自己的脾气，经常会勃然大怒。他的残暴行径让船员越来越备受煎熬，许多人相信正是由于库克没能控制住自己的脾气，才导致了他最终被刺身亡。

因为航海，库克在海军史上留下了另一个重要印记。英国钟表制造商约翰·哈里森（John Harrison）曾设计了一种装置，可以测量海上船只的经度位置，这在以前几乎是不可能的。库克在“奋进号”上对这种装置进行了测试，确认哈里森的机器确实有用。这是航海史上的一个里程碑，在库克及后来的海员探索更远的海域时，这种装置提供了极大的帮助。

库克无疑是英国和英国海军的英雄，掌握了卓越的技术，又有对知识和探索发现的渴望。每次进行海外长途探险，他都会带回一些新的信息，无论是发现了某些新大陆还是并不存在的人们经常谈论的大陆。他在海军快速升迁，表明他是一名出色的水手。他花了11年的时间在海上航行，探索了未知的海域，这正是他能力出众的证明。当然，人们可以指责他，说他对所访问土地的当地人缺乏文化敏感性，但这就是当时人们对待土著居民的普遍态度。

在长达11年的时间里，船长詹姆斯·库克为英国海军执行了海外任务，开辟了一条横跨海洋的路线。发现了新大陆，极大地改善了海员的健康状况，使用新导航技术，这是他留给后人的遗产。他是这一领域的开拓者，而且大智大勇，总是乐于寻找机会进行新的探险活动，这些特质使他得以跻身世界上最伟大探险家行列。

盟友

查尔斯·克莱克中尉
（Captain Charles Clerke）

库克值得信赖的副手克莱克陪同他进行了三次历史性的航行。库克在夏威夷去世后，克莱克接管了“决心号”和“皇家探险号”，但在返回英国的途中死于船上。

库克的海员们

在库克之前，长期在海上航行的水手一直遭受坏血病的折磨。库克船长非常重视船员的健康，为了预防这种致命疾病，他坚决要求保持船上清洁，要求船员吃新鲜蔬菜，挽救了许多船员的生命。

约翰·哈里森

钟表匠哈里森认为自己已经解决了在海上测量经度的问题，但他的发明需要进行检验。库克接受并完成了这项任务，证明哈里森的发明确实有用，这为一代又一代环游世界的水手们提供了帮助。

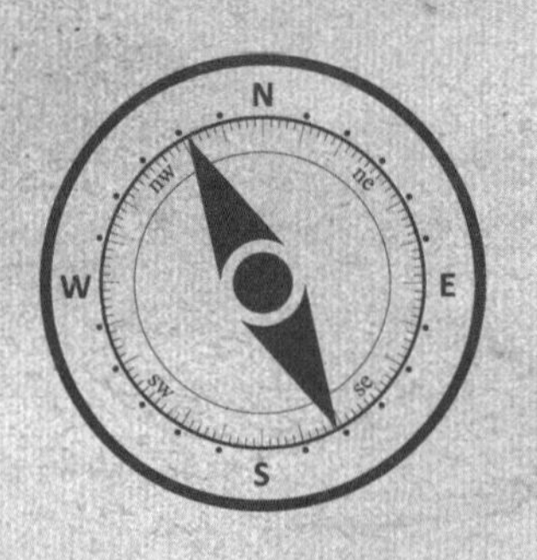

发现美国西部

他们冒险穿越这个国家，
处处有危险，处处有发现。
这就是刘易斯和克拉克的探险之旅。

1783年独立战争结束时，美国开国元勋们对广阔的大陆所能提供的东西十分自信乐观，但对其广袤的土地和生活在这片土地上的人却知之甚少。梅里韦瑟·刘易斯和威廉·克拉克开始了探险，但是这片荒野充满各种难以置信的可能性和危险，不能保证他们安全返回。

当拿破仑·波拿巴（Napoleon Bonaparte）提出将法国领土路易斯安那出售给美国时，美国这个年轻国家的格局发生了巨大的变化，路易斯安那面积达2144500平方千米，购入路易斯安那使美国国土面积增加了一倍。1803年，托马斯·杰弗逊总统很快就以1500万美元的价格谈妥了购买路易斯安那的交易，他很清楚自己想从这片土地上得到什么。他急切地想知道是否有一条连接密西西比河和太平洋的西北航道，如果存在这样一条通道，美国的贸易机会将会大大增加。他在六个月前就已经秘密要求国会批准并资助这次探险，然后才宣布购买路易斯安那。

总统心中已经有了这次探险的完美领袖。杰斐逊的秘书梅里韦瑟·刘易斯是一名身体状况极佳的退伍军人，对研究野生动物兴趣浓厚，他的忠诚和奉献精神毋庸置疑。刘易斯立即着手准备，上航海课，获取有关该地区地理和人民的任何可以获得的信息。他如饥似渴地学习，但他知道还有不计其数的惊喜在前方的道路上等待着他。

刘易斯邀请他的前指挥官威廉·克拉克担任副船长。克拉克有当兵和开拓边疆的经历，刘易斯领导有方，擅长外交，他们简直就是最佳拍档。他们向西行进，并向途中遇到的许多美洲土著部落传达消息，告诉他们现在生活在新主人的统治下了——和土著部落对话困难重重，他们希望通过赠送礼物（包括特制的硬币）并适当展示卓越的火力来解决这一问题。

刘易斯、克拉克和他们的向导萨卡加维亚在比特罗特山（位于今爱达荷州）

刘易斯乘坐刚造好的运河船从匹兹堡出发，沿着俄亥俄河（Ohio River）航行，他在肯塔基州路易斯维尔（Louisville）附近与克拉克见面，然后在伍德河（Wood River）上建立了他们的冬季训练营。探险军团有33名核心成员，最终于1804年5月14日出发，驶入密苏里河。

这次航行出师不利。船员纪律有时很松散，5月17日，三名船员因擅离职守而被军事法庭审判。与此同时，刘易斯在5月23日的遭遇也给自己提了个醒，当时他从悬崖上摔下，跌落了六米，好在他用刀子成功地阻止了继续跌落，才勉强保住了自己的生命。没有试错的余地，一失足就真成了千古恨，刘易斯进行了反思，他终于明白独自游荡是一种危险的习惯。当然，这并不能阻挡他探险的脚步。

密苏里航道路途凶险，为了让船只自由通行，经常需要清理河道。蚊虫肆虐，疾病蔓延，这些问题日益严重。正是在这个夏天，探险队出现了唯一的死亡病例，查尔斯·弗洛伊德（Charles Floyd）中士死于阑尾炎。幸运的是，刘易斯的森林之旅有了大量新的发现。8月3日与奥托和密苏里土著的会晤进行得非常顺利，会晤中进行了演讲和礼物交换，刘易斯和克拉克得到了他们希望得到的招待。

8月30日，船队与延顿苏人（Yankton Sioux）举行了另一次成功的会议，探险军团于9月初进入美国中西部大平原。正是在这里，自然探索才真正开始，因为他们在这里可以见到许多从未见过的动物。这些今天看起来美国特有的动物，诸如麋鹿、野牛、郊狼和羚羊等，当年对这些来自东方的人来说都是新发现，让他们目瞪口呆。但它们并不是唯一生活在这片土地上的动物，探险队很快就发现，这片土地上还生活着一群人，对这些人来说，探险队就是非法闯入者。

到目前为止，与美洲土著部落的每一次接触都是和平的。到了9月，他们到达今天的南达科他州附近，遇到了泰顿苏人（Teton Sioux，现在被称为拉科塔苏人），紧张局势迅速升级。探险队受到警告，这个部落可能不太友好，他们之间的几次会面都困难重重，泰顿苏人还想要探险船队的一条小船，冲突似乎不可避免。多亏土著首领“黑水牛”的干预，危机终于过去了。克拉克的日记称，这一切都是不可原谅的，并将这一部落称为“野蛮种族的邪恶不法之徒”。

他们继续向北，10月底到达曼德定居点（这里人口稠密，当时在这里生活的人比华盛

刘易斯和克拉克向西沿着密苏里河航行

▲ 探险军团于1805年10月在哥伦比亚河上会见奇努克人

顿还多）。很快，他们开始修建冬令营曼丹堡（Fort Mandan），寒冷的天气是他们从来没有经历过的。在这里，他们做出了探险之旅中最重要的决定之一。他们雇用了法裔加拿大人、皮货商图桑·查博内乌（Tussaint Charbonneau）和他16岁的妻子萨卡加维亚担任翻译，萨卡加维亚来自肖肖恩部落。刘易斯和克拉克要进山探险，他们不知道山脉有多高，但他们知道探险队需要一些马匹。会说土著语言的人对开展贸易和保障安全来说都是无价之宝。冬天，萨卡加维亚生下了她的儿子让·巴普蒂斯特（Jean Baptiste，克拉克给他起了个绰号叫庞培），许多人认为，正是因为有这个女人和她的孩子陪伴着探险团，探险军团才在旅途中受到了土著部落的热情款待。

探险军团让一小群人带着他们发现的样本返回圣路易斯，并于1805年4月7日再次出发。他们在这个未开发的区域度过了一段美好的时光。很明显，带上萨卡加维亚确实是明智之举。她不仅帮助他们寻找食物，告诉他们什么是可食用的，什么是不可食用的，而且在一条小船倾覆时，她还能镇定自若地抢救重要文件。

6月初，情况变得不妙起来。他们已经到了密苏里河的一个岔口，刘易斯和克拉克不得不做出抉择。如果决定稍有不妥，他们将完全偏离航道。他们被告知如果能看到一个瀑布，就说明他们的路线是正确的，当他们到达瀑布时，不禁深深地吐了一口气。然而，路线虽然正确，道路却充满了艰难险阻，苏密里大瀑布就是一个巨大的挑战。路上还有熊和响尾蛇出没，不断地威胁着探险队，几名船员病倒了。

他们不得不携带着所有必需物资，绕行29千米崎岖的山路。他们已经没有回头路可走。令人难以置信的是，全体船员齐心协力完成了这一惊

▲ 萨卡加维亚熟悉前进路线，这一点对刘易斯和克拉克的探险来说是无价的

人的壮举。这证明了他们具有坚强的意志，证明了他们意识到了自己使命的重要性，也证明了刘易斯和克拉克的领导能力。他们在这条困难重重的弯路上唯一失去的就是时间，还有刘易斯铁框船的梦想，其实这条船根本就浮不起来。

当然，时间是最重要的。他们在第二个岔口依然做出了正确的选择，但是冬天来临了，还有很多山要爬。如果想要到达目的地，就需要找到肖肖恩部落，和他们进行马匹交易。他们离肖肖恩部落越来越近，萨卡加维亚带领探险队穿越这片她年轻时生活过的土地。然而，要找到这个部落并不容易，刘易斯和一个侦察员与大部队走散了，克拉克和其他人继续沿着河流向前航行。刘易斯看到了他们将要翻越的山脉，山的全貌一览无余，这对他来说简直是当头一棒：没有西北通道可以穿越落基山脉。

最后，他们找到了肖肖恩部落，部落居民第一次见到陌生人，好在他们有萨卡加维亚担任翻译。和部落成员交谈中得知，部落首领竟然就是她的兄弟卡迈哈瓦特（Cameahwait）。这真是时来运转，他们在肖肖恩部落休息了两个星期，得到了他们翻山越岭所需的马匹。

9月份，他们在肖肖恩部落导游老托比（Old Toby）的带领下，开始攀登比特罗特山脉（Bitterroot Range）。天气不好，老托比有段时间也迷路了，有那么两个星期，探险队队员忍饥挨饿，差点儿饿死。后来他们终于找到了路，于9月23日到达内兹佩尔塞人（Nez Perce）定居点。这些美洲土著居民看到可怜兮兮、忍饥挨饿的探险者，决定挽救他们的生命。他们非常热情好客，让探险队队员们住了两周，甚至教他们建造了一种新型独木舟。接下来，他们将要第一次顺流而下。顺流而下看似轻松，实际上水流湍急，非常危险。他们沿着危险的水域顺流而下，再一次克服了困难。

11月7日，克拉克认为他肯定能看到太平洋，于是在日记中写道：“大海就在眼前！哦！多么高兴……太平洋，我们一直渴望看到的伟大海洋。轰鸣声可以听得一清二楚，我想那是海浪拍打海岸发出的声音。”克拉克错了。他们离太平洋还有32千米，天气不好，他们还需要一个多星期（11月18日）才能抵达失望角（Cape Disappointment）。“……探险队员们似乎对这次旅行非常满意，看到巨浪冲击着岩石，看着这片浩瀚的海洋，他们都惊奇不已。”他们到达了太平洋，任务完成了。刘易斯和克拉克决定通过投票表决，决定在哪里建立他们的冬令营，人们认为这是美国有史以来第一次允许奴隶（约克）和妇女（萨卡加维亚）参加投票。情况十分糟糕，没完没了的雨让他们变得意气消沉。3月份，他们踏上了返回的旅程，使用的是克拉克更新的地图。他们返回的路程可能更短（耗时仅六个月），但也充满危险，例如，与黑脚印第安人的暴力冲突，导致两人死亡。他们最终于1806年9月23日抵达圣路易斯，距离出发差不多两年半的时间。

刘易斯、克拉克和探索军团到了白人以前没有去过的地方。他们发现了各种植物和动物，遇到了许多美洲土著部落，这有助于美国政府更深刻地了解这个国家，并改变了蓬勃发展的美利坚合众国的版图。

探险归来后的生活

这两位英勇无畏的人探险归来后怎样了？

刘易斯和克拉克被誉为国家英雄，托马斯·杰弗逊总统让两人在政府里面担任职务。然而，就刘易斯而言，这些新的荣誉并没有帮助他过上安宁平静的生活。他在路易斯安那州州长的职位上苦苦挣扎，经常感到情绪低落，开始酗酒。1809年10月12日，刘易斯在前往华盛顿的途中开枪自杀，以悲剧的方式结束了自己的生命。

克拉克的故事要让人快乐得多。他曾担任印第安事务管理人，并于1808年结婚，之后当了十年密苏里州州长。探险队当年差点儿与拉科塔苏族人发生暴力冲突，克拉克在事后评价这一部落居民时说话难听，但他能公平对待美洲原住民，并因此而闻名（有人指责他过于同情原住民）。萨卡加维亚和图桑把年轻的让·巴普蒂斯特托付给他照顾，他也能不负所托。1812年萨卡加维亚去世后，他继续抚养让·巴普蒂斯特，这个年轻人后来前往欧洲宫廷。

▼ 威廉·克拉克（左）和梅里韦瑟·刘易斯（右）肖像画，创作于1807年

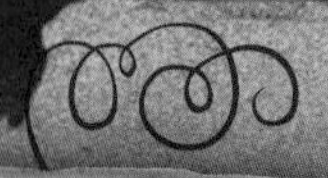

探险旅途

勇敢的探险家穿越路易斯安那州之旅

01. 伍德营（Camp Wood）1804年5月14日

探险军团从匹兹堡顺流而下，在路易斯维尔和克拉克会合。在那里，他们开始为探险做准备工作。物资齐备，人员训练有素，每个人都深知这次探险的重要性。在他们出发之前，必须制定一些规章制度约束探险队员。

02. 拉科塔苏部落（Lakota Sioux）1804年9月25日

探险军团与几个美洲土著部落进行了和平的接触，但在今天南达科他州皮埃尔（Pierre）附近的河上，他们遇到了拉科塔苏族，如果没有部落首领的干涉，这一天可能就是探险队员的末日了。

03. 曼丹堡 1804年10月至1805年4月

探险军团到达曼丹希-达萨定居点，为他们的冬令营做准备，这个冬令营将被命名为曼丹堡。刘易斯和克拉克安排人员将他们的许多发现和日记送回圣路易斯，萨卡加维亚加入了探险队。

04. 未知岔口 1805年6月1日

探险队在密苏里河上意外地发现了一个岔口，他们做出了一个重要的决定。选择方向就像一场赌博，看到大瀑布时，他们知道自己的选择是正确的。

05. 大瀑布 1805年6月13日

他们被告知前方有一个巨大的瀑布，但看到五条小瀑布倾泻而下时，刘易斯和克拉克意识到，绕过瀑布将是一个漫长的过程。然而，陆路至少有很多猎物可打。

06. 三岔口 1805年7月22日

探险队到达了密苏里河上的三岔口，这一关键点当时还无人知晓。快到7月底了，他们知道，如果走错了岔路，翻山越岭将变得越来越危险。

07. 见到肖肖恩人 1805年8月17日

萨卡加维亚终于与她的部落团聚，寻找肖肖恩部落的工作结束。刘易斯和克拉克需要萨卡加维亚帮忙谈判，购买肖肖恩部落的马匹，他们的运气真是不错，酋长竟然就是萨卡加维亚的兄弟。

08. 比特罗特山脉 1805年9月11日至23日

探险队在一名肖肖恩向导的带领下进入山区。在落基山脉里的长途旅行，他们准备不足，再加上天气恶劣，他们随时可能饿死。

09. 内兹佩尔塞人 1805年9月23日至10月7日

他们终于找到了走出大山的道路，直接进入内兹佩尔塞印第安人的村庄。当地人同情这些忍饥挨饿、衣衫褴褛的人，帮助他们建造了新独木舟，为最后的旅程做准备。

10. 克拉索堡（Fort Clatsop）1805年11月24日至1806年3月23日

两周前，探险队错误地认为太平洋近在眼前。现在，“发现号”终于抵达太平洋。他们投票决定在哪里建立他们的冬令营，当大家憧憬着返航时，刘易斯正在绘制一张更新的地图。

华盛顿
克拉索堡
10
比特罗特山脉
08
05
大瀑布
09
内兹佩尔塞
俄勒冈州
06
三岔口
07
肖肖恩部落
内华达州
加利福尼亚州
犹他州
科罗拉多
亚利桑那州
新墨西哥州

克拉索堡
圣卢卡斯
大西洋
太平洋

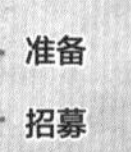

准备
招募
探险及归来
印第安保留地

路易斯安那边界

刘易斯和克拉克国家历史遗迹

重大发现

灰熊

这头灰熊比他们以前见过的要大得多，他们要开十多枪才能把它打死。

草原犬鼠（土拨鼠）

刘易斯和克拉克发现这些生物非常有趣，特别是它们的巢穴，这些土拨鼠生活在相连的洞穴中，刘易斯和克拉克将这种洞穴描绘为“城镇”。

野牛

探险家们没想到能看到野牛。刘易斯在日记中提到过一只友好的小牛，它只害怕他的狗。

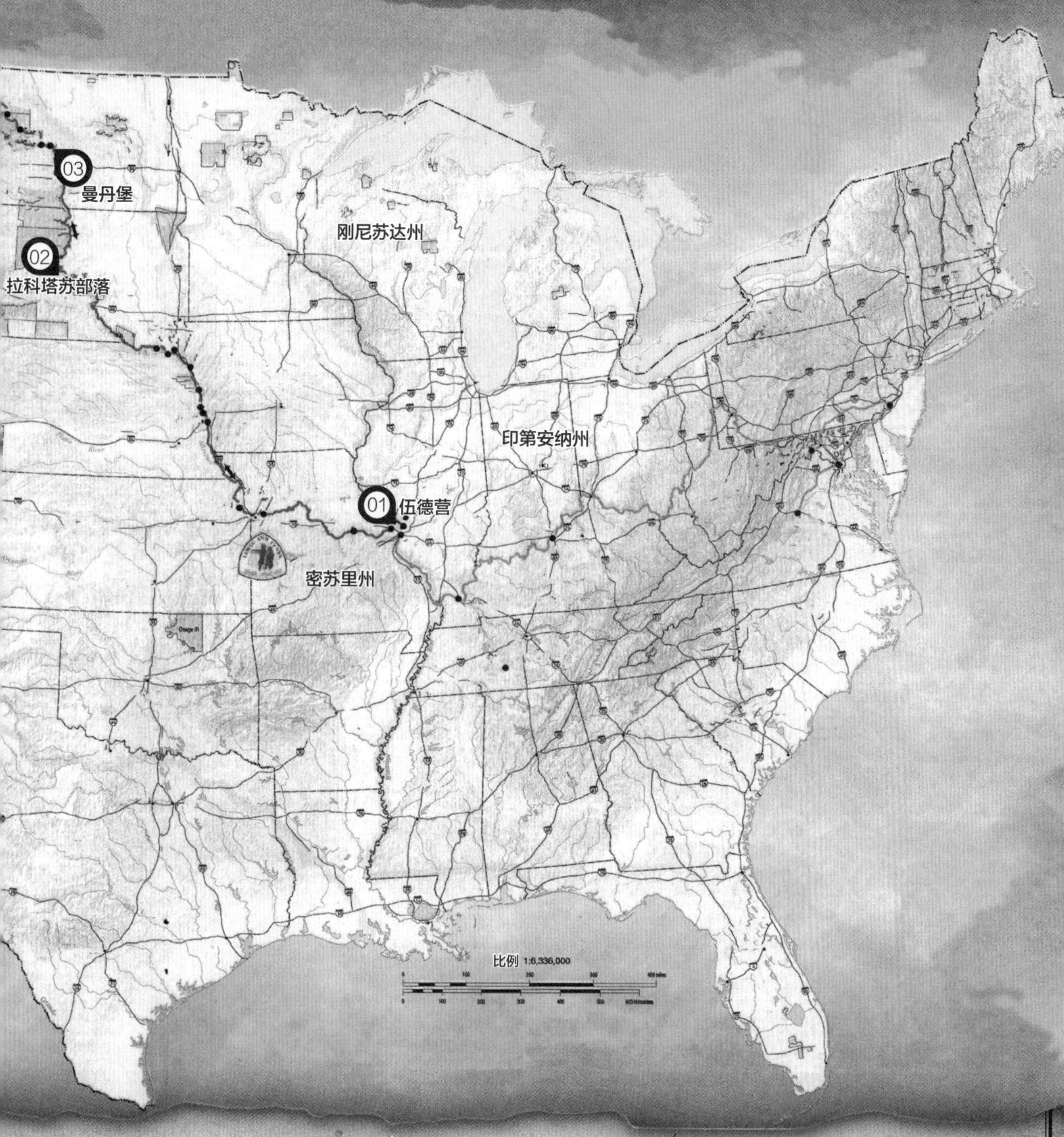

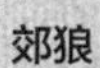

郊狼

郊狼又称“草原狼”，刘易斯和克拉克听到它们在夜里嚎叫。欧洲商人对这种生物很熟悉，但探险队却从未听闻。

银山艾

探险军团于1804年10月第一次见到银山艾，刘易斯和克拉克将其描述为一种“芳香的草本植物”，它分布于西部的大片地区。银山艾就是我们今天所说的青蒿。

印第安烟草

作为一名烟草种植者，刘易斯对自己在旅途中遇到的两种烟草特别感兴趣，并记录了阿里卡拉部落是如何种植和收获烟草的。

道格拉斯杉树

在航程接近尾声时，他们看到了各种各样的冷杉树，刘易斯在日记中详尽地描述了其中的六种，包括道格拉斯冷杉。

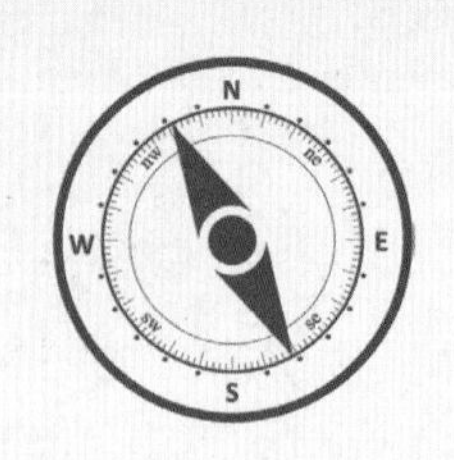

“小猎犬号”航海记

达尔文进化论是如何形成的？

查尔斯·达尔文

1809—1882

人物简介

查尔斯·达尔文在“小猎犬号”上航行了五年，担任船上的博物学家，之后，达尔文的发现及其自然进化论和适者生存理论在科学界掀起轩然大波。这位即将退休的科学家认为上帝的因素可以被剔除，他因此受到了诋毁，也因此受到了颂扬。

在我们的印象中，查尔斯·达尔文（Charles Darwin）是一位安静的思想家，从不理会因他而起的争论。我们很难想象达尔文年轻时曾经是一位冒险家，他登上“小猎犬号”的最初几天，状态极差，和他之后五年在“小猎犬号”上的状态形成了强烈的反差。“小猎犬号”在比斯开湾的海浪中颠簸前进，达尔文晕船晕得厉害，不得不躺在床上，船员甚至他自己都认为他只要一有机会就会逃离船只。

很明显他已经正式成为该船的博物学家，这导致了他与船上外科医生罗伯特·麦考密克之间的对立。

达尔文是如何成为“小猎犬号”上的博物学家的？

在“小猎犬号”出航前的几年里，父亲在年轻的达尔文身上投资了很多钱，但他对儿子感到失望，认为他“游手好闲”“不务正业”。达尔文对科学的好奇与他想成为牧师的兴趣发生了冲突，于是他放弃了爱丁堡大学医学专业，转到剑桥学习神学。

达尔文可能并不确定到底该为自己的生活做些什么，但他有强烈的道德准则，这有助于他成为一个敏感的人性观察者。他的祖父约西亚·韦奇伍德（Josiah Wedgwood）是一位著名的废奴运动者，达尔文对他家族的工作深信不疑。在“小猎犬号”探险期间，他经常在日记中记录南美洲奴隶和契约工的待遇处境，他对此感到震惊和沮丧。

因为亨尼斯（Henyns）和詹斯洛（Jenslow）拒绝了“小猎犬号”上的工作，达尔文才得到了这个职位。在剑桥期间，达尔文是出了名的和蔼可亲，爱刨根问底，亨尼斯和詹斯洛决定把工作机会让给他。此时，达尔文正处于人生的一个关键时刻，他将两年的探险之旅看作一个证明自己的机会，一个体验博物学家生活的机会。他在航行中的方法和推理深受他人研究的影响，但他独自在野外度过了很长时间，使得他有信心自立门户。

1831年
12月27日
英国普利茅斯
达尔文同意担任船长助理一职，但直到三个月后，“小猎犬号”才扬帆起航。航行的第一个星期对他是个考验，他晕船晕得厉害，只能躺在床上。
1835年9月15日—10月20日
加拉帕戈斯群岛
岛上生活着巨大的乌龟和鬣蜥，这是最吸引达尔文的地方。直到后来回到英国他才意识到，他所看到的不同物种实际上是每个特定岛屿所独有的。
圣贾戈
在佛得角群岛，达尔文克服了晕船症状，意识到“小猎犬号”探险之旅是一次极佳的机会。他在日记里难掩兴奋之情，记录了他第一次看到的许多奇异的植物和动物。
1832年
1月16日
1835年
1月—2月
巴西萨尔瓦多
1832年
2月29日
“小猎犬号”第一次在南美洲抛锚，达尔文把目光投向了雨林。当他把采集的样品装上“小猎犬号”送回英国的时候，他突然意识到任务的艰巨性。
智利奇洛克（Chiloc）
达尔文发展了莱尔关于地球处于持续运动状态的理论，他的新观点在他目睹奥索莫火山（Mount Osomo）大规模喷发时得到了证实。那是一幅宏伟而又动人的景象。
1833年
8月3日
达尔文度过了他最快乐的一段时光，对阿根廷的野生动物进行了观察探索。在里奥内格罗，他和南美牛仔一起骑马，捕获猎物当作美食。罗莎将军给他留下了深刻的印象，他准许达尔文自由通行。
阿根廷里奥内格罗（Rio Negro）

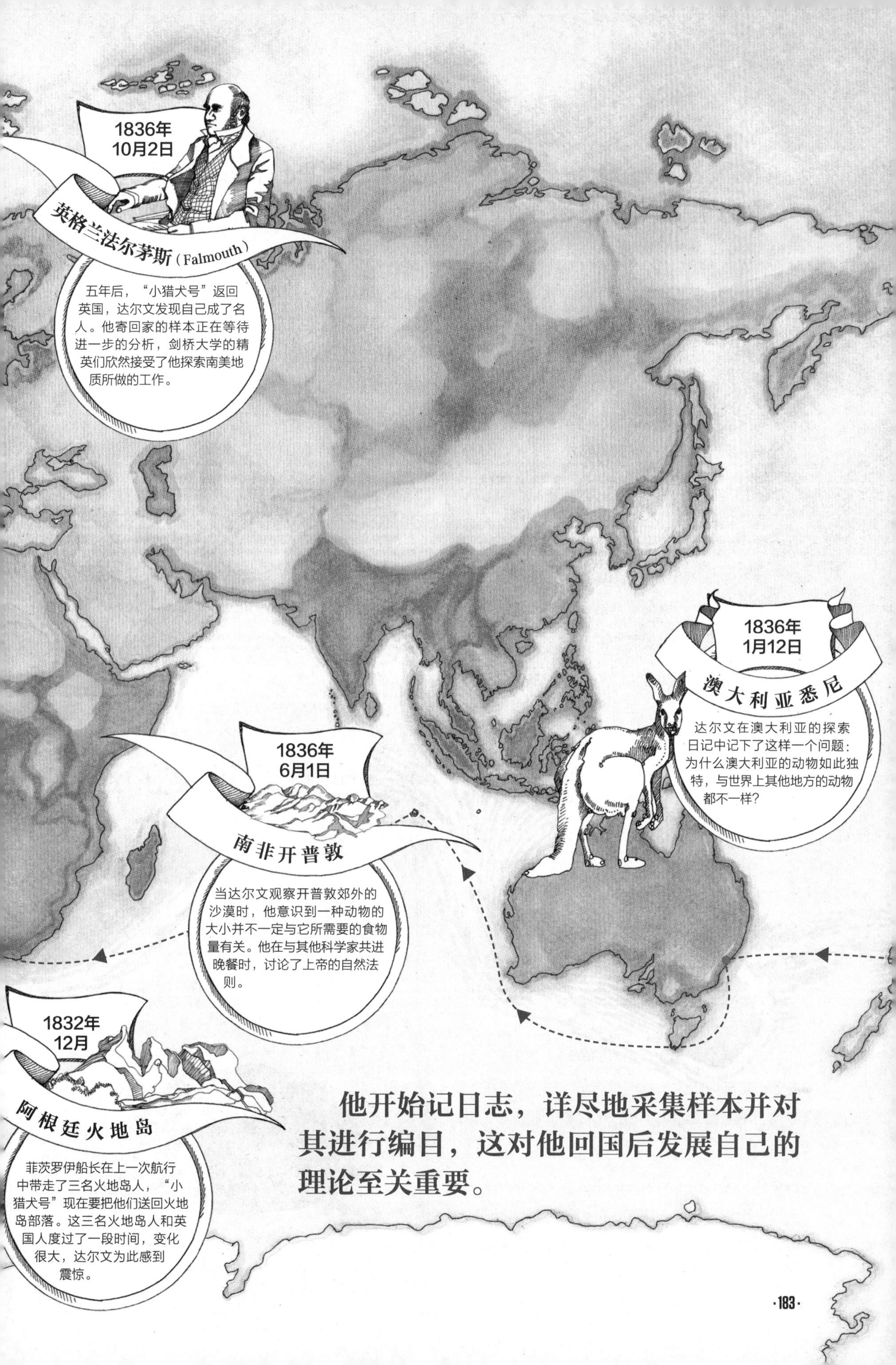

他开始记日志，详尽地采集样本并对其进行编目，这对他回国后发展自己的理论至关重要。

他突然有了探索发现的感觉，这让他有信心提出一些大胆的主张和具有挑战性的想法。

然而，这位博物学家很快就习惯了，不再晕船，他在那次航行中的许多发现也将打破科学精英们的许多传统观念。他的探险之旅就像一颗种子，最后成长为他的进化论和自然选择理论。人类在这个世界上到底处于什么地位？这一理论将永远改变我们看待这一问题的方式。

达尔文生活中有很多幸运的意外，还结交了一些善意的朋友，加之他自己性格和蔼可亲，渴望找到自己在这个世界上的位置，正因为这一切，达尔文才会出现在“小猎犬号”上，并成为一名博物学家。在拿破仑战争结束后的几年里，英国海军部希望把世界翻个底朝天。在英国推进其殖民扩张的时代，“小猎犬号”将在脾气暴躁的菲茨罗伊（Fitzroy）船长的指挥下，首次使用船用计时器对该地区进行特许勘探。

菲茨罗伊希望如此漫长而又艰苦的航行途中能有一个人陪伴，他这样做是有充分理由的。“小猎犬号”的前任船长斯托克斯（Stokes）在船上待了两年，然后朝自己头部开枪自杀。由于菲茨罗伊家族有精神病史，他担心自己可能会有同样的自杀冲动。与其说他是想找一位优秀的科学家，不如说他是想找一位能够与之相处的人，而性情温和的达尔文通过了他的性格相容性测试。

但这两个人也会有激烈的争吵（达尔文对菲茨罗伊接受奴隶制度感到震惊），菲茨罗伊喜怒无常，确实是一个令人担忧的问题，因为“小猎犬号”并非一艘大船，船身仅有27米长。船长警告达尔文说，船上私人空间不会太大，达尔文和另外两个人共用一个房间，每晚都要搬动柜子，腾出空间铺床。刚开始，达尔文在与船员交往方面遇到了困难（他意识到他在学校接受的教育不适用于海军舰艇上的生活，还发现船员有几次搞恶作剧，自己成了这些恶作剧的目标）。还有一个更为常见的海上状况困扰着他，那就是晕船，达尔文可能连这一关都过不了，更别说完成自己的使命了。

当“小猎犬号”到达佛得角的圣加戈（St Jago，现在的圣地亚哥）时，达尔文发现他不晕船了，还发现了自己对科学的好奇心日益增强。他深刻地意识到，这次旅行将是一个天赐良机，他决心充分利用这次机会。在那里，他第一次看到了自然栖息地的热带植被，第一次看到了

启发达尔文的动物

巨龟

达尔文太专注于观察陆龟的行为和采集样本（也想尝尝它们的味道如何），而没有意识到他观察到的不同动物是每个岛屿所特有的。这种行动迟缓的巨大生物让达尔文想起了一片史前的土地，这些陆龟对出现在它们面前的人类并不在意，这让达尔文感到很惊奇。加拉帕戈斯群岛的代理总督尼古拉斯·劳森（Nicholas Lawson）告诉达尔文，不同岛屿的陆龟，其壳上的图案都不相同。

章鱼。达尔文发现章鱼可以在黑暗中发光，并错误地认为这是一个新发现。也是在那里，他开始记日记，详尽地采集样本并对其进行编目，这对他回国后发展自己的理论至关重要。

他广泛收集样本，很明显他已经正式成为该船的博物学家，这就导致了他与船上的外科医生罗伯特·麦考密克（Robert Mccormick）之间的对立，后者认为自己应该拥有博物学家这一头衔。结果，麦考密克在巴西里约热内卢弃“小猎犬号”而去。值得注意的是，这位年轻科学家的热情感染了船上的其他人。“小猎犬号”上的许多船员和达尔文一样对自然历史感兴趣，他们协助达尔文进行挖掘收集。返回英国后，他们甚至还放弃了从个人发现中获利的机会。

当麦考密克离开的时候，达尔文已经进入了状态。他得到了前情人范妮·欧文（Fanny Owen）已经和别人订婚的消息，但他很快就从悲伤中恢复了过来。雨林就像一座金矿，他找到了探索发现的感觉，这让他有信心提出一些大胆的主张和具有挑战性的想法。在阿根廷，达尔文对勇敢的罗莎将军（General Rosas）和他的南美牛仔们充满了敬畏之情，当时将军正在与印第安反叛的游兵作战。将军的部下陪同达尔文去野外探险，达尔文自称“伟大的流浪者”，有时要躲避成群结队的掠夺者，他开始尝到了真正危险的滋味。心惊胆战的生活是值得的，因为他的发现，物种灭绝不会突然出现。他认为他找到的一些化石是已经灭绝的巨型懒猴，但是样子看起来很奇怪，就像一只犰狳，直到回到伦敦后他才明白自己发现了介于两者之间的某一种生物。这与

雀科小鸟

达尔文在加拉帕戈斯群岛收集了许多雀鸟，他还不知道他发现的不同种类的雀鸟来自不同的岛屿。后来，通过观察样本之间存在的细微差异，他开始意识到，不同种类的雀鸟在适应环境之前可能拥有一个共同的祖先。那里有超过13种不同的雀鸟，都属于同一个品种。加拉帕戈斯雀鸟促进了达尔文提出自然选择理论。

大地懒

达尔文在南美洲旅行时发现了许多骨骼，他认为这些是大地懒属动物（一种早已灭绝的生物，长相和树懒相似）的骨骼，但他注意到了几个重要的区别。例如，早些时候，他发现有一个与犰狳壳相似的外壳，认为物种因一次灾难性事件而灭绝的想法变得越来越不可信，达尔文开始产生“类型演替规律”的想法。

▲ 加拉帕戈斯群岛的陆地鬣蜥

他探索该地区地质的努力不谋而合，他是在查尔斯·莱尔（Charles Lyell）的基础上开展探索工作的，莱尔认为地球处于不断运动的状态，这一观点在当时引起了争议。

达尔文也不总是在工作，为了消遣，他抽空参加了南美牛仔狩猎鸵鸟的活动。他非常喜欢打猎，也非常投入，直到开吃的时候他才意识到自己发现了一种稀有的美洲鸵鸟，而且是他一直在寻找的鸵鸟，于是他将未煮熟的部分送回了英国。他继续向船员们展示自己的作用，当时，探险小组试图前往安第斯山脉，结果被困，达尔文独自走在船长前方20英里处，试图为探险队取回饮用水；他还射中了一只170磅重的大羊驼，作为大家1833年的圣诞节午餐。考验还在前面等着他，他一生都是一个冒险家。

促使达尔文思考进化及先天与后天问题的不仅仅是地质学或自然历史。“小猎犬号”带上了三名火地岛人（南美洲火地岛的土著居民），菲茨罗伊在1830年曾来过这里，他带回这三名火地岛人是为了让他们接受一位颅相学专家的检查，并将他们作为罕见之物向世人展示。船员们给他们取名为杰米·巴顿（Jemmy Button）、约克·明斯特（York Minster）和福吉亚·布劳克（Fuegia Basket），三人将和一位名叫理查德·马修斯（Richard Matthews）的牧师一起返回火地岛，马修斯将在他们的岛上建立一个传教点。这三人在“小猎犬号”和英格兰待了一段时间，外貌和行为举止都发生了很大变化，还不清楚岛上的居民会怎样对待他们。

“小猎犬号”驶近了火地岛，岛上部落成员看着他们经过，达尔文对这些人进行了观察。他描写了那些人点燃火把、沿着海岸线奔跑的情景，并对他们的野蛮行为进行了评论。当“小猎犬号”的船员们把这三名火地岛人重新介绍给他们的岛民同胞时，达尔文不禁感叹，离开部落一段时间，这三人已经和部落同胞完全不同了。约克·明斯特表现出了对其同胞的蔑视，而杰米·巴顿则明显感到不自在。交谈的气氛并不愉快，但菲茨罗伊决定，马修斯传教的任务应该继续下去，给他留下足够的补给后，他们踏上了返回的航程。几个月后，“小猎犬号”再次来到火

达尔文觉得他伸出了自己的双手，去触摸史前时期。

▲ 加拉帕戈斯群岛圣克鲁斯岛上的“龙山”（Dragon Hill）

地岛，他们发现杰米·巴顿正在努力重新融入部落，而马修斯则尖叫着向“小猎犬号”跑来。达尔文相信英国水手和火地岛部落人并非不同的物种，但这次事件告诉他，环境可以在很大程度上对人类进行塑造。

“小猎犬号”继续航行前往智利，在那里探险工作几乎偃旗息鼓了。达尔文和一些英国侨民在圣地亚哥休息了一段时间，但在返回瓦尔帕莱索（Valparaiso）途中由于喝了变质的酸葡萄酒而患上了重病。菲茨罗伊也陷入了抑郁，因为他自掏腰包买了第二艘船，但是海军部拒绝支付费用。看起来“小猎犬号”可能要回家了，但船员们使菲茨罗伊平静下来，他们目睹了一系列毁灭性的地震和火山爆发，目睹了地球的运动，意识到他们的探险必须继续下去。

达尔文观察了康塞普西翁港（Concepción Harbour）海滩海平面的变化，推断如果地壳下的力量在地表下爆发而无法释放，就会导致地震。他发展了莱尔的观点，认为每一次火山事件都是相互关联的。如果这样一次强大的火山爆发发生在英国会怎么样？他对此做了一些充满末日论调的预测。

“小猎犬号”随后驶向加拉帕戈斯群岛，正是在那里，达尔文有了他最著名的发现，尽管他当时并没有意识到这一点。在火山爆发之后，达尔文对该地区的火山地貌很感兴趣，但他并没有时间停下来思考。陆龟和鬣蜥让他着迷，他认为它们就像“其他星球的居民”。

达尔文对澳大利亚海岸珊瑚礁的美丽感到震惊，但是“小猎犬号”探索之旅的最后几站关注更多的是人类而非自然，达尔文和菲茨罗伊参观了一些传教点。他的日记中充满了思乡之情，他们于1836年10月回到英国。这是一次伟大的冒险，但达尔文的旅程才刚刚开始——他的世界观已经改变。他还没有意识到他将会改变世人的自我观念。

富兰克林探险悲剧

英国人一心想寻找一条从加拿大北部到达太平洋的航线，这使得约翰·富兰克林（John Franklin）爵士因被误解而背负骂名。

世界上很少有像北美大陆北方的群岛那样极度荒凉和空旷的地方。这里荒无人烟，但情况肯定会改变。

在英国海军部任职的人长期以来一直认为，穿越加拿大和阿拉斯加的北部，可以从大西洋航行到太平洋。那样的话，不但可以节省时间，还可以避免绕道好望角，也不必面对霍恩角的挑战，霍恩角的险恶水域已经摧毁了许多船只。现在，随着气候的变化，船只已经可以使用西北航道了。但在那个时候，这一航道是探险的终极挑战之一。

众所周知，英国海军对西北航道念念不忘，尽管对这一地区大部分区域已经绘制了地图，但仍有河口、航道和海峡不为人知。1845年远征的主要策划者是80岁的二等秘书约翰·巴罗爵士（Sir John Barrow），他渴望再次远征北极水域。巴罗在1844年给海军部第一勋爵哈丁顿勋爵（Lord Haddington）写了一封信，他在信中说道："我们已经做了这么多工作，现在只需要再做那么一点点就够了。不应该放弃对这条通道的探索发现，或者更确切地说，我们不应该放弃完成对这条通道的探索发现……"

伤害他们自尊和荣誉感的是拼图中缺失的一块，更确切地说，这也是一份大奖：从世界的一边航行到另一边。有的候选人不够格，有的候选人拒绝邀请，最后他们选中了约翰·富兰克林爵士。富兰克林有北极经历，曾经在北极地区吃尽了苦头，获得了"吃靴子的人"的绰号，因为此前他在北极为情况所迫，不得不吃了一双靴子的皮革充饥。

富兰克林提议穿越经过沃克角（Cape

约翰·富兰克林爵士

1786—1845

人物简介

约翰·富兰克林在英国海军中享有盛名，他在北极地区的探险始于1819年。1836年，他被任命为范迪曼之地的副总督，1843年被撤职。1845年，他被选中领导最新的探险队，寻找西北航道的明确路线。

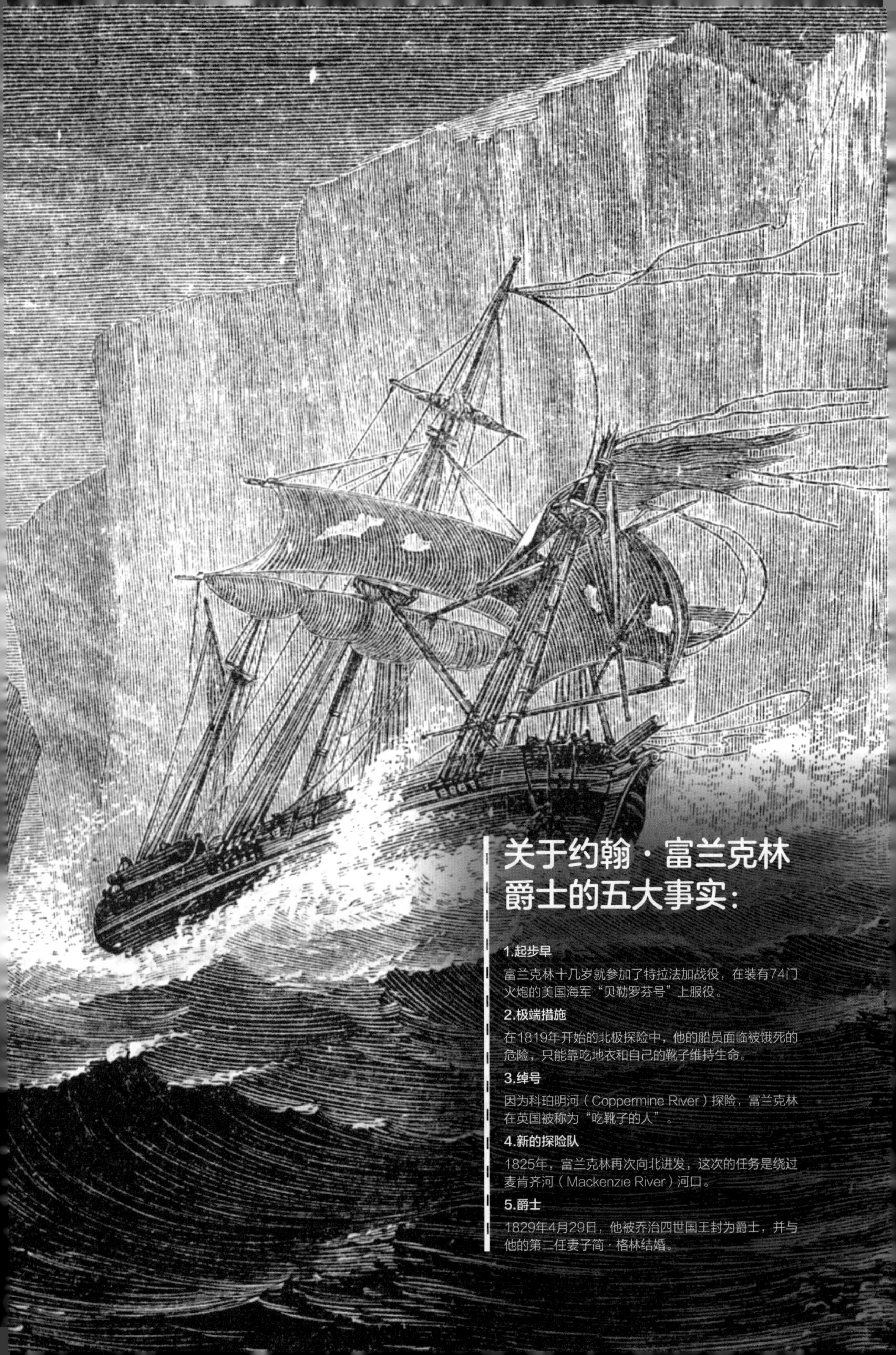

关于约翰·富兰克林爵士的五大事实：

1.起步早

富兰克林十几岁就参加了特拉法加战役，在装有74门火炮的美国海军“贝勒罗芬号”上服役。

2.极端措施

在1819年开始的北极探险中，他的船员面临被饿死的危险，只能靠吃地衣和自己的靴子维持生命。

3.绰号

因为科珀明河（Coppermine River）探险，富兰克林在英国被称为“吃靴子的人”。

4.新的探险队

1825年，富兰克林再次向北进发，这次的任务是绕过麦肯齐河（Mackenzie River）河口。

5.爵士

1829年4月29日，他被乔治四世国王封为爵士，并与他的第二任妻子简·格林结婚。

Walker）和班克斯岛（Banks Island）的通道。如果他们做不到这一点，他就准备向北穿过惠灵顿海峡（Wellington Channel），并试图在巴罗海峡（Barrow Strait）以北开辟一条航线。英国首相罗伯特·皮尔（Robert Peel）批准了这项冒险活动，英国皇家学会支持英国海军部，因为他们认为此次任务可能会带来更多的科学发现。富兰克林是一位受人喜爱和尊敬的北极探险家。尽管他已经59岁了，并且离他上次北极探险已经过去了17年，但当他1845年5月5日接到命令时，他依然接受了探险队队长的职务，率领两艘船只“埃雷布斯号”和“恐怖号”，踏上了探索之旅。

这两艘船只为冒险做好了充分的准备，两艘战舰都重新装上了直径为10英寸的木带，船头是铁皮的，用来破冰。战舰还安装了保护船体的横梁，还有提供热水和供暖的管式锅炉和蒸汽装置。“埃雷布斯号”上安装了一台25马力的机车发动机，“恐怖号”则安装了一台20马力的发动机。

— 决定性时刻 —

最后一次目击

在等待更好的条件穿越兰开斯特海峡时，探险队遇到了两名美国捕鲸者，这是外界最后一次确认看到“埃雷布斯号”和“恐怖号”。“创业号”的丹内特（Dannett）船长邀请富兰克林上船。他在日志中写道：“两艘船的船员都很好，精神状态也很好，希望他们能及时完成任务。”

1845年7月/8月

“埃雷布斯号”和“恐怖号”还设有图书室，藏有图书和期刊2900本，船上载有200加仑葡萄酒、9450千克巧克力、422千克柠檬汁（用于防止坏血病）和7088磅烟草。除此之外，船上还备有使用最新食品保存技术的罐头食品。是不是这些腌制的肉类、水果和其他食物最终导致了他们的死亡？焊料中的铅也可能污染了食物。20世纪80年代对船员尸体进行了挖掘和检验，发现尸体铅含量极高，这表明他们可能死于慢性铅中毒。当然，也可能是由于水系统中的铅引起的。

船只在格陵兰巴芬湾（Baffin Bay）的鲸鱼岛（Whale Fish Islands）停留，然后穿过兰开斯特海峡，寻找给英国海军带来财富和荣耀的航道，以提振英国民族士气。结果，富兰克林探险队却成了所有英国公民的牵挂。后来，花了将近十年时间才完全确认他们的失踪和死亡，这更是让英国人民揪心。探险开始一切顺利，富兰克林和他的团队充满信心。再多的海冰也阻止不了这群英国人实现他们的目标。他们穿过兰开斯特海峡向西航行，避开了冰山和海冰，在巴罗海峡，他们遇到了无法逾越的海冰障碍。惠灵顿海峡的海冰障碍更多，于是他们在德文岛（Devon Island）南海岸的比奇岛（Beechey Island）建立了海港。

▲ 伦敦滑铁卢广场约翰·富兰克林雕像，立于1866年

探险队员必须面对24小时的黑暗，生活无

聊至极，困难无比。许多船员没有北极生活或探险的经验，但他们在这个时候受到了使命感的鼓舞。富兰克林很严肃，但同时也很和蔼可亲。尽管如此，在比奇岛过冬也一定很凄凉，生活非常沉闷。1846年元旦，比奇岛上首次出现了灾难来临的迹象，探险队员开始死亡。

有关部门于1984年对比奇岛的坟墓进行了保护性挖掘，对约翰·托林顿（John Torrington）、威廉·布雷恩（William Braine）和约翰·哈特内尔（John Hartnell）的尸体进行了彻底的尸检。他们死后，船员为他们举行了适当而又庄严的仪式，他们的坟墓和墓碑建造得很好，遗体在永久冻土层下保存得也非常完好。其他船员就没有这么幸运了，他们经历了痛苦缓慢的死亡，躺在倒下的地方，暴尸荒野，没有任何尊严可言。他们的骨头散落在威廉王岛（King William Island）上，从南到北到处都是。法医分析，一些船员是被绝望的幸存者吃掉的。

到了1847年，海军部向哈德逊湾公司（Hudson's Bay Company）的商船和捕鲸船发出了公报，让他们留意富兰克林探险队的踪迹。1848年3月，海军部悬赏一百基尼，奖励可以提供“埃雷布斯号”和“恐怖号”消息的捕鲸者。富兰克林的妻子简·富兰克林夫人为了获取消息，也悬赏两千英镑。

到了1850年，海军部提供两万英镑，奖励任何能为富兰克林船队提供“有效协助”的私人船只。那个时候，他们已经知道“埃雷布斯号”和

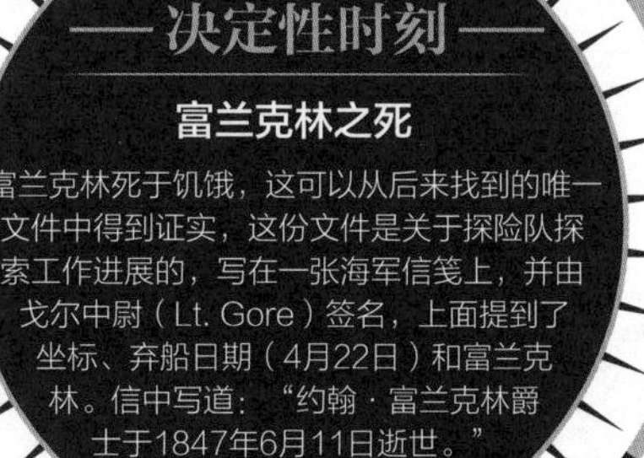
—— 决定性时刻 ——

富兰克林之死

富兰克林死于饥饿，这可以从后来找到的唯一文件中得到证实，这份文件是关于探险队探索工作进展的，写在一张海军信笺上，并由戈尔中尉（Lt. Gore）签名，上面提到了坐标、弃船日期（4月22日）和富兰克林。信中写道：“约翰·富兰克林爵士于1847年6月11日逝世。”

1847年6月11日

▲ 在识别“埃雷布斯号”的过程中，高分辨率照片和声呐测量发挥了作用

重新发现“埃雷布斯号”和“恐怖号”

搜寻从19世纪开始，他们发现了船上的碎石和遇难者的遗骸。威廉国王岛的南海岸和其他地方散落着各种各样的手工艺品和泛白的骷髅。20世纪80年代初，阿尔伯塔大学欧文·比蒂（Owen Beattie）领导了一个研究小组，发起了一项旨在寻找船员遗骸的计划，想要查明他们身上到底发生了什么。但直到2014年和2016年，两艘失踪的船只才先后被发现。

寻找“埃雷布斯号”和“恐怖号”，背后的政治运作至关重要。加拿大希望对其（英国在19世纪80年代将该地区赠送给加拿大）行使新的权力，哈珀政府宣布了这一发现及富兰克林遗产，这对加拿大行使西北航道的主权至关重要。

2014年9月9日，在毛德皇后湾（Queen Maud Gulf）11米深的水中发现了“埃雷布斯号”。船只保存了下来，但是船尾的大部分因为海冰而变得千疮百孔。两年后的9月12日，英国皇家海军发现了“恐怖号”，科学家们不得不纠正以前的说法，因为发现“恐怖号”残骸的地点距离人们之前认为的地点有60英里。

现在，他们知道“埃雷布斯号”和“恐怖号”处于危险之中。

“恐怖号”正处于危险之中，或者已经遭遇灭顶之灾。他们启动了一系列的搜救任务，具有讽刺意味的是，派出去寻找富兰克林探险队的船只比以往派出探索西北部航道的船只还要多。

“芬妮船长，发现了好多坟墓！”送消息的人叫道。

英国皇家海军先遣队一直在比奇岛附近搜寻，这位船员回来告诉船长，在雪地和页岩地之间的一片土地上发现了坟墓。他们在附近做了进一步调查，发现了绳子、布、木头和黄铜碎片，还发现了600个装满鹅卵石的空罐头瓶，探险队对此百思不得其解。如果食品罐里面的东西坏了，他们为什么要在里面装满鹅卵石呢？

1854年4月20日，哈德逊海湾公司的约翰·雷（John Rae）博士耗时两个冬天发现了真相，这时距离“埃雷布斯号”和“恐怖号”被

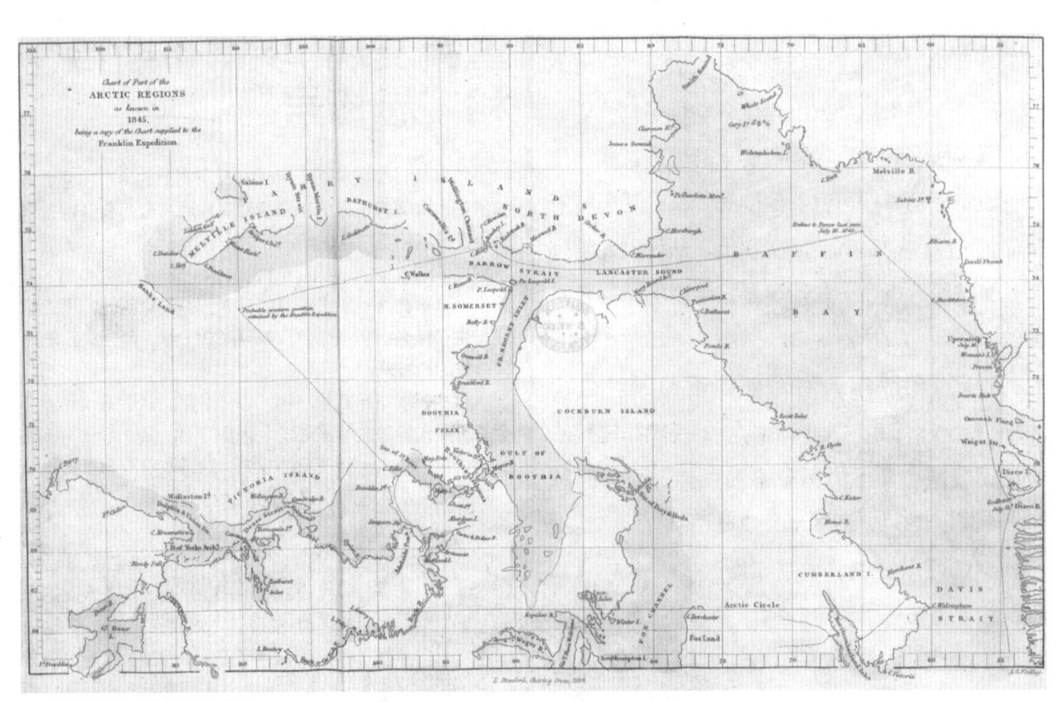

▲ 提供给探险队的北极海图副本

考察时间表

从探险队满怀希望踏上征程到灾难降临、船只失踪

1844年12月

1845年之前，约翰·巴罗爵士一直在海军部担任二等秘书，在他的策划下，一支新的远征队建立了，目的是绘制完整的西北航线地图。

1845年1月

那个时候，富兰克林已经59岁了，尽管海军部对他的年龄心存疑虑，但还是任命他带领探险队寻找西北航线。

1845年5月

启航前几天，富兰克林患上了流感，他埋怨妻子在他睡觉的时候将一条绣花丝质英国国旗盖在他身上，他说这是个坏兆头。

1845年5月19日

“埃雷布斯号”和“恐怖号”从肯特郡格林希特（Greenhithe）出发。他们沿着北海航线驶往奥克尼群岛（Orkney Islands）。无论是军官还是船员，都对船长富兰克林评价颇高。

▲《伦敦画报》刊登的“埃雷布斯号”和“恐怖号”

遗弃在冰层中差不多过去了六年。在布提亚半岛的佩利湾（Pelly Bay）和向东更远的地方浅水湾（Repulse Bay），雷见到了因纽特人，得到了富兰克林探险队命运的关键消息。他们说，一群“卡布鲁南人”（他们对白人的称呼）都饿死了。有人看到大约40名男子在威廉王海峡上拖着雪橇和小船，用手语解释他们的船被冰压碎了。因纽特猎人在夏末发现了散落的尸体。有些尸体在帐篷里，有些尸体在船上，还有一些人因精疲力竭和饥饿而倒下，再也没能站起来。这并非一手消息，但它驱散了迷雾，提供了足够准确的信息。其实，最主要和最可怕的细节是维多利亚时代的英国不希望听到的：幸存者们吃掉了死者的肉。接下来，他们对该地区进行了数月甚至数年的进一步搜索，慢慢证实了因纽特人的消息。

—决定性时刻—

“恐怖号”被发现？

英国皇家海军“恐怖号”残骸的发现，距离人们认为它沉没的地点60英里。发现船只的地点引起了人们的疑问：幸存者们是否试图驾驶船只向南航行到大陆？船上的排气管旁边有一个烟囱从引擎的位置向上伸出，船首的斜桅笔直地指向上方，就好像船只在冰中移动一样。

1847年6月11日

1845年6月
这两艘船只从奥克尼的斯特罗姆尼斯（Stromness）出发，穿过北大西洋，驶向格陵兰岛的迪斯科湾（Disko Bay）。陪同他们的是一艘名为“小巴雷托号”的运输船，为船上的队伍运送给养。

1845年7月下旬
在格陵兰岛西部的迪斯科湾，“小巴雷托号”屠宰了10头牛当作船上的肉食。军官们写了信件，由“小巴雷托号”带回。有五名船员不能胜任这次探险，也随船返回。

1846年1月
探险队于1846年冬天在比奇岛登陆，三名丧生船员威廉·布雷恩、约翰·托林顿和约翰·哈特内尔被埋葬在那里，他们的坟墓整齐美观，于1850年被发现。

1846年9月12日
“埃雷布斯号”和“恐怖号”离开比奇岛，穿过皮尔海峡，沿着威廉国王岛的西海岸航行。他们被困在海冰里度过了两个冬天。

1848年4月22日
自1846年9月以来，船只一直被困，后来被探险队放弃。

1848年4月26日
剩下的船员计划出发前往后河（the Back River）河口，他们可以从那里前往1000千米外的哈德逊海湾公司前哨站。但是他们再也没有这样的机会了。

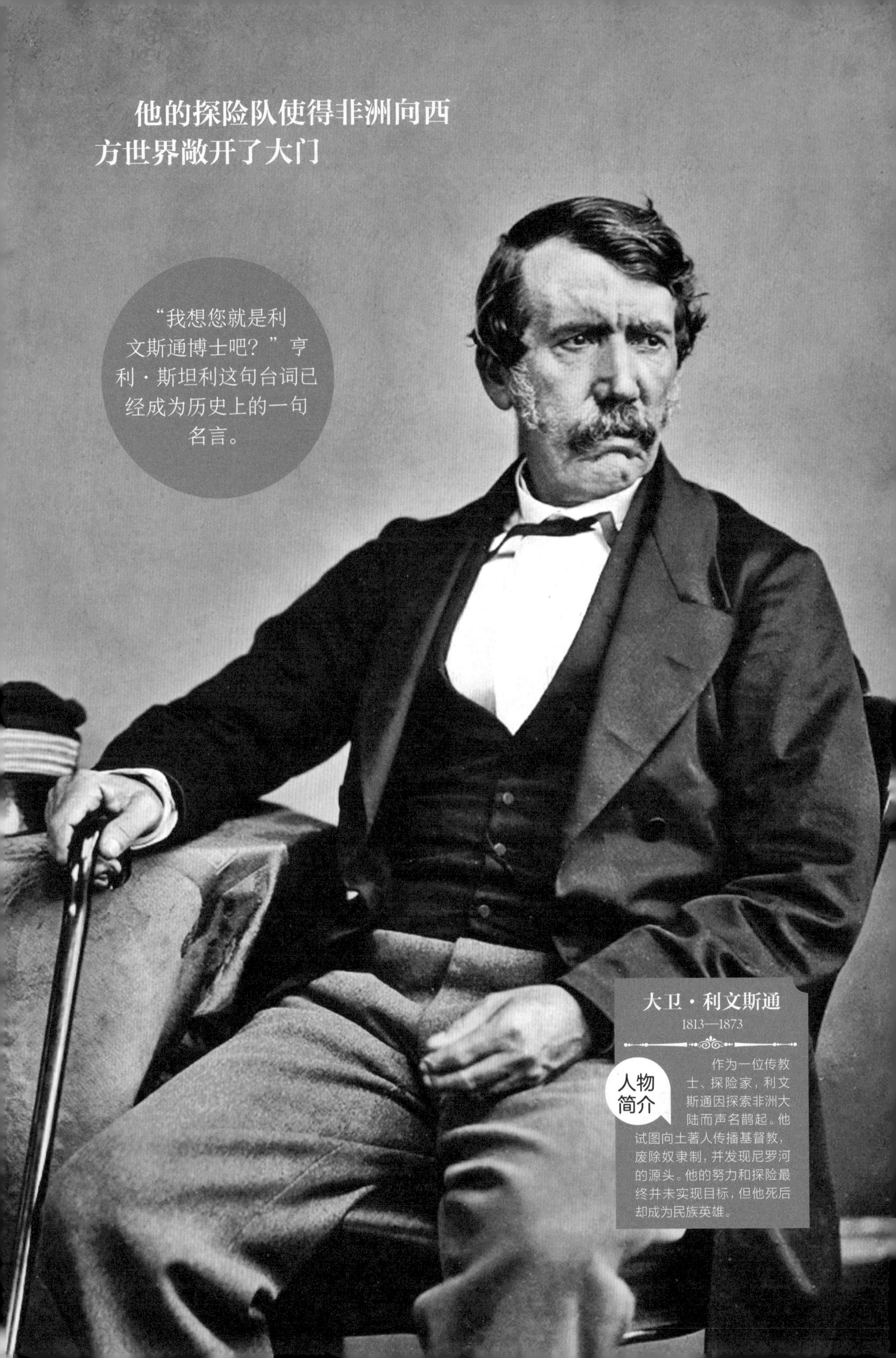

他的探险队使得非洲向西方世界敞开了大门

“我想您就是利文斯通博士吧？”亨利·斯坦利这句台词已经成为历史上的一句名言。

大卫·利文斯通

1813—1873

人物简介

作为一位传教士、探险家，利文斯通因探索非洲大陆而声名鹊起。他试图向土著人传播基督教，废除奴隶制，并发现尼罗河的源头。他的努力和探险最终并未实现目标，但他死后却成为民族英雄。

大卫·利文斯通

引发非洲探险热潮

这位传奇的苏格兰探险家毕生致力于探索非洲，一心想要找到尼罗河的真正源头。

在第一批传教士开始探索非洲大陆之前，对大多数欧洲人和美洲人来说，非洲是一块广袤的未知大陆。其中，有一个叫大卫·利文斯通的苏格兰人，带领为数不多的精英探险家开辟了这片当时还不为人知的大陆，找到了一条穿越该地区的道路，也开启了对非洲的探险热潮，这永远改变了非洲大陆的政治和经济格局。

利文斯通1813年3月19日出生于格拉斯哥（Glasgow）南部一个名叫布兰太尔（Blantyre）的小村庄，十岁就开始在一家棉纺厂工作。他的父亲教他读书写字，到1836年，他已经筹集到足够的资金，可以开始医学和神学的学习生涯。从苏格兰的工人阶级摇身一变，成了国际名人，这在维多利亚时代是一件非常罕见的壮举。

利文斯通和他的妻子玛丽有六个孩子：罗伯特、阿格尼斯、托马斯、伊丽莎白、威廉·奥斯威尔和安娜·玛丽。

利文斯通年轻时曾在格拉斯哥安德森大学学习，但后来移居伦敦，继续在各种机构接受教育。他的目标是成为一名传教士兼医生前往中国，但有人建议他不要前往这个饱受战争摧残的国家。1841年，他被伦敦传教士协会派往南部非洲的卡拉哈里沙漠，探索位于今天博茨瓦纳的纳格米湖（Lake Nagmi）。

利文斯通是一位虔诚的教徒，在他的第一次旅行中，他向非洲人民传播基督教，并不遗余力地防止奴隶贸易的蔓延。利文斯通于1856年回到英国，这时，他已经成为英国大众的偶像。他开始巡回演讲，讲述他的经历，并写了一本畅销书《传教士在南非的旅行和研究》。

截至1851年，利文斯通乘坐独木舟，骑在牛背上，或者步行穿越了整个卡拉哈里沙漠。后来他得了病，遭到了野生动物的袭击，差点儿丧命。值得注意的是，他的妻子和孩子最初也加入了他的行列，但由于他们身体不好，一年后被迫返回家乡。但利文斯通没有停下自己的脚步，而是继续前往现在的纳米比亚（Namibia）和安哥拉

在奴隶贸易猖獗之际，利文斯通坚信非洲人应该拥有尊严。

（Angola）海岸。

1856年5月，利文斯通到达印度洋克利马内（Quelimane，今天的莫桑比克）的赞比西河口，成为第一个穿越南部非洲的欧洲人。当地人称巨大的赞比西瀑布为“雷鸣的烟雾”，利文斯通将其更名为维多利亚瀑布（Victoria Falls）。

作为一个开拓者，他是有记录以来第一个与南部和中部非洲土著见面的白人。据说他亲自释放了在尼亚萨湖（Lake Nyasa）附近工作的150名奴隶。在访问非洲期间，他成了远近闻名的医治者或“医药人”，因为他每到一处都会为非洲土著治疗疾病。例如，他切除肿瘤的技术在当时的非洲是闻所未闻的。

他相信探索非洲是他的使命，他将以上帝的旨意让非洲向基督教敞开大门。

作为一位多产的作家，利文斯通将他的所有发现都记录了下来。他在《赞比西河及其支流探险记》中得出的结论有助于增进对坏血病和疟疾的认识，这两种疾病当时在全球各地肆虐。他是第一个使用奎宁治疗疟疾的人，谨慎而又有条不紊，使他的探险成为有史以来死亡率最低的旅行之一。这位苏格兰探险家是最早将蚊子与疟疾联系起来的人之一，也是将气候与热带疾病传播联系起来的人之一。

之后，利文斯通度过了艰难的几年。他的妻子玛丽于1862年死于疟疾，两年后，政府对他的工作不太满意，命令他停止探险，返回英国。利文斯通的主要目的是宣传奴隶贸易的暴行。这些非洲人被迫背井离乡，奴隶主逼着他们劳动，在欧洲，没有多少人知道奴役奴隶的方式有多残暴。利文斯通成了一个坚定的废奴主义者，并付诸文字，提高欧洲人对奴隶制的认识。

不幸的是，他经常前往非洲探险，却对非洲的未来产生了负面影响。因为大量的村庄、水源和贸易路线被发现，利文斯通及其探险队帮助西方世界打开了通往非洲的大门，使得殖民主义和欧洲主要国家对非洲的争夺变得更加容易。有些人认为，帝国主义在非洲的殖民很大程度上是利文斯通及其探险家们的功劳。

1866年，这位52岁的苏格兰人已经获得足够的资助再次回到非洲，这次是为了寻找尼罗河的源头并发起反对奴隶制的运动。利文斯通在桑给巴尔登陆，之后的探险忙得不可开交，以至于英国政府失去了这位大人物的踪迹。据说在途中，这位探险家目睹了一场大屠杀，暴行就发生在卢阿拉巴河（River Lualaba）上的尼扬圭村（Nyangwe），有数百名非洲人被杀，据说是阿拉伯奴隶贩子所为。

在旅途中，他失去了大部分药品、牲口和同伴。最终，《每日电讯报》和《纽约先驱报》筹集到足够的资金，派记者亨利·斯坦利前往非洲寻找他的下落。1871年2月，利文斯通被困在刚果的班巴拉村（Bambarre），船员几乎没有一人离开。利文斯通的状况不好，患有肺炎和热带溃疡。有报道称，他已经卧床不起，并开始产生幻觉，只有《圣经》能带给他安慰。斯坦利最终于当年10月在坦桑尼亚的乌吉吉（Ujiji）发现了利文斯通，当时这位探险家正在努力寻找世界上最长河流尼罗河的源头。利文斯通和斯坦利短暂交流后，便带上了新鲜的生活补给，和斯坦利分道扬镳，继续他的探险之旅。

利文斯通的健康状况每况愈下，但他仍然忘我地工作，拒绝离开非洲。这种坚定而又顽固的态度最终导致了他的结局。1873年4月30日晚，他在北罗得西亚（现赞比亚）班格韦卢湖（Lake Bangweulu）附近的奇坦博村（Chitambo）去世，享年60岁。英国公众对他的去世表示哀悼，并在威斯敏斯特大教堂中堂为他举行了一场盛大的葬礼。他的坟墓紧挨着詹姆斯·伦内尔，詹姆斯生前也是一位探险家，是他一手创办了非洲探险协会。

▲ 位于维多利亚瀑布的利文斯通雕像

那时候，奴隶贸易在非洲大陆猖獗盛行，利文斯通却坚定地相信非洲人的尊严，他因此被世人铭记。尽管他没有真正到达尼罗河的源头，但他对社会做出了贡献。他的遗体经过防腐处理后送回英国，经过1603千米的长途跋涉回到桑给巴尔，历时10个月。人们发现他的手臂被一头狮子咬断了，进一步证明了他探险过程中所经历的严峻考验。他的遗体被运回了英国，心脏却被埋在奇坦博村一棵睦朋得花树下。大卫·利文斯通的心脏永远留在了非洲，留在非洲的还有他对非洲的一片赤诚之心。

他的家乡布兰太尔建立了大卫·利文斯通国家纪念馆，他的墓碑上写道：“人们穿越陆地和海洋，用忠诚的双手将他带回这里。安息在这里的是大卫·利文斯通，传教士、探险家、慈善家，1813年3月19日出生于拉纳克郡布兰太尔，1873年5月逝世于奇坦博村。”

在30年的时间里，他一直不遗余力地在土著部落传教布道，探索未被发现的秘密，废除中部非洲悲惨的奴隶贸易。他在遗言中写道：“当我独自一人时，我所能做的就是祈祷天堂丰盛的祝福降临到每一个人身上，无论他们是美国人、英国人还是土耳其人，这些人都将帮助治愈这个世界上的伤痛。”

▲ 利文斯通出生于苏格兰的一个工人阶级家庭，他努力学习，发展自己的医学专长，并成为一名著名的探险家

决定性时刻

大学生活

1833—1841

利文斯通在布兰太尔棉纺厂辛勤工作多年，终于在1836年攒够了上大学的钱。他在安德森大学学习了两年，然后暂停了学业，转而在伦敦传教士协会接受了一年的培训。他最终于1840年搬到伦敦，完成英国和外国医学院医学研究课程，然后返回格拉斯哥，获得格拉斯哥医师和外科医生学院的学位。

决定性时刻

找到通往海岸的路线

1852—1856

利文斯通开始了为期四年的探索，寻找从赞比西河上游通往海岸的路线。这次探险填补了西方对南非和中非的许多空白。也许他最著名的发现是一个壮观的瀑布，利文斯通以英国君主的名字为它命了名——维多利亚瀑布。1856年，他到达赞比西河河口，成为第一个横跨南部非洲的欧洲人，他返回英国时受到了英雄般的欢迎。随着赞比西河地图的绘制完成，利文斯通决心要找到尼罗河的源头。

时间轴

1813

探险家出生

大卫·利文斯通出生在布兰太尔，这是格拉斯哥以南的一个小村庄。他出生于一个工人阶级家庭，家中共有七个孩子，利文斯通排行第二。

1813年3月19日

1823

学校教育和早期工作

利文斯通十岁时开始在当地一家棉纺厂工作。他晚上抽出时间学习，父亲教他读书写字。

1836

离开学校

为了进一步深造，这位年轻的苏格兰人在格拉斯哥安德森大学获得了一个名额。他继续学习医学和神学，并对自然史产生了兴趣。

1841

第一次任务

传教士协会得知利文斯通的专业技能后，就录取了他，并将他派往南非的卡拉哈里沙漠。他的目的是传播基督教，并将“文明”带给当地土著人。

1845

幸福的婚姻

利文斯通探险归来，娶了玛丽·莫法特为妻，她是一名传教士的女儿。夫妻二人生了三个儿子和三个女儿。

1845年1月

第二次鸦片战争

人们劝大卫·利文斯通不要去中国，这是有充分理由的。1856年至1860年，英国发动侵华战争。第一次鸦片战争以签订不平等条约结束，后来，英国以一艘走私的中国船只（“亚罗号”）为借口，挑起了第二次冲突。英军在美国军舰的协助下，诉诸武力，炮击了广州城，随后被奋起反击的中国人民击退。

西方列强寻求法国人的帮助，并于1858年5月卷土重来，这次他们占领了广州和天津附近的一些堡垒。后来签订了《天津条约》，开放了中国与西方的贸易往来。后来，双方在大沽口再次交战。

第二次鸦片战争以英法最后一次陆路进攻而结束，联军攻占北京，咸丰皇帝出逃。中国被迫签订另一个不平等条约，同意西方的贸易条件。1898年，中英签订了99年的租约，英国控制了香港新界。1997年，中国对香港恢复行使主权。

他的儿子罗伯特在美国内战中为联邦军而战，于1864年12月5日受伤而亡。

▲ 第二次鸦片战争期间，英国国王的龙骑兵在北京附近逼近清朝骑兵

决定性时刻

我想您就是利文斯通博士吧？

1866—1871

1866年，这位资深探险家已经52岁了，但他仍然致力于探索发现，希望找到尼罗河的源头。这次旅行损失惨重，他失去了许多动物、药品和搬运工，但利文斯通的船员们还在继续探索。他已经很久没有音讯了，亨利·斯坦利接受派遣，前去寻找利文斯通。经过长时间的搜寻，斯坦利最终于1871年10月在坦噶尼喀湖附近发现了利文斯通。见到利文斯通的时候，斯坦利说出了那句著名的问候语：“我想您就是利文斯通博士吧？”利文斯通得到了补给，但他健康状况不佳，不得不停止探险活动，最终也未能发现尼罗河的源头。

1856

回国

探险结束后，利文斯通返回故乡，成了民族英雄，在英国各地巡回演讲。他的作品《传教士在南非的旅行和研究》成了畅销书。

1858

回到非洲

这位著名的探险家开始了他最长的一次旅行，这次东非和中非探险任务耗时五年。不幸的是，他的妻子玛丽于1862年死于疟疾。

1864

政府压力

在一次毫无回报的探险之后，英国政府命令利文斯通返回英国。回到家乡，利文斯通开始书写奴隶贸易的恐怖，第一次向英国大众宣传废奴主张。

1866

最后一次探险

利文斯通获得了私人赞助，再次起程前往非洲，这次是为了寻找尼罗河的源头。当然，他还借此机会进一步考察了奴隶贸易。

1873

最后的岁月

多年的探索使得利文斯通深受疾病折磨，于1873年4月30日晚去世。他被埋葬在威斯敏斯特大教堂，并作为英国最伟大的探险家之一而被人们铭记。

约翰·汉宁·斯派克
（John Hanning Speke）

寻找尼罗河源头

条件十分艰苦，国内政治形势不妙，专业性受到质疑，
约翰·斯派克排除万难，找到了尼罗河的源头。

到了19世纪，大英帝国横跨全球，以至于太阳永远不会在它的版图上落下。尽管英国势力影响范围很广，但对这个世界仍有许多需要了解的地方。在埃及，浩瀚的尼罗河已经维系了数千年的生命，但是没有人知道其源头在哪里。亚历山大大帝曾问过这个问题，罗马皇帝尼禄（Nero）曾派人去寻找，但人类仍然无法找到答案。要找到它的真正源头，还得靠约翰·汉宁·斯派克，一个出生在西方国家的军人。斯派克三次艰苦跋涉穿越非洲腹地，在他有生之年，他的发现只会招人质疑，受到嘲笑，但今天他却为世人所知，这正是因为他发现了世界上最长的河流尼罗河的源头。

1844年，年仅17岁的斯派克加入英国军队。休假期间，他探索了亚洲喜马拉雅山脉，培养了自己的冒险精神。1854年，他加入了一支探险队，前往非洲腹地探险，探险队的队长是理查德·伯顿（Richard Burton）。最初，两人之间关系很融洽，但是后来他们与200名索马里兰部落成员展开战斗，伯顿质疑斯派克胆小，这种质疑是不公平的。这一次探险完全失败，唯一的收获就是斯派克沿途收集了自然标本。

—决定性时刻—

勇士还是逃兵？

在斯派克的第一次非洲探险中，他的队伍遭到索马里兰部落的袭击。斯派克躲进帐篷，在一旁观看混乱局面，理查德·伯顿认为斯派克想逃跑。据其他人说，斯派克英勇战斗，结果被俘，最终逃走。但伯顿和斯派克两人之间的关系从此恶化，再也没能修复。

1854年

这并不奇怪，因为在这一时期穿越非洲大陆是一项

◀ 约翰·汉宁·斯派克，英国军官、探险家

约翰·汉宁·斯派克

1827—1864

人物简介

约翰·汉宁·斯派克最初是一名职业军人，后来他发现了尼罗河的源头。他与另一位探险家理查德·伯顿因专业意见不同而长期不和，斯派克在生前没有得到应有的承认。

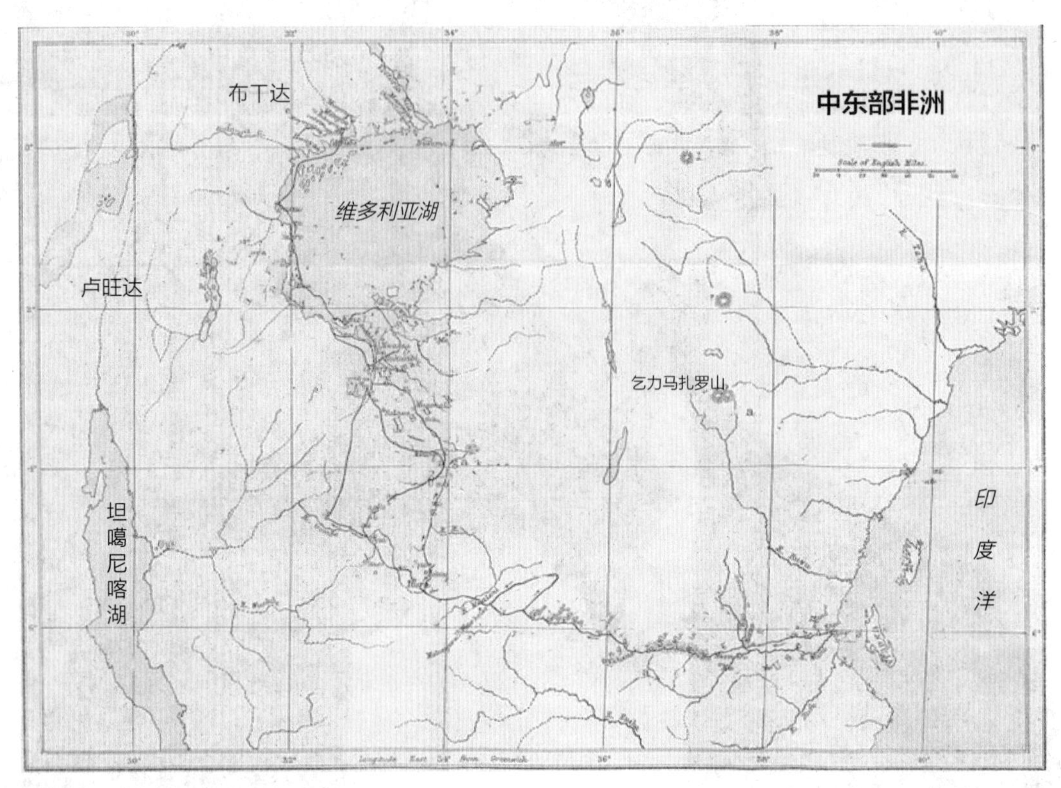

▲ 斯派克从非洲东海岸向内陆行驶了数百英里

斯派克认为维多利亚湖是尼罗河的源头，他是正确的。

极其困难的任务。骆驼等驮畜容易生病，许多装备和给养都需要探险者肩挑背驮，不幸的是，探险者和他们的驮畜一样容易生病。

1856年，斯派克经过休整，恢复了精力，便又参加伯顿的探险队，进行第二次东非探险。这次探险由皇家地理学会资助，目的只有一个，那就是寻找尼罗河的源头。

斯派克和伯顿于1857年6月在桑给巴尔登陆，他们在探险途中都病倒了，尽管他们在1858年2月发现了坦噶尼喀湖，但情况却不妙。伯顿无法继续前进，便让身体恢复良好的斯派克继续跟进，寻找传说中位于东北部的更大的湖泊。1858年7月30日，他发现了这片水域，并以大英帝国君主的名字命名，称之为“维多利亚湖”。斯派克认为维多利亚湖是尼罗河的源头，这是正确的，但他却无法证明自己。因为斯派克得过热带疾病，他的视力几乎为零，加之许多测量设备丢失，他只能基于自己所积累的知识猜测湖泊的面积。然而，通过观察湖水的温度，他可以确定维多利亚湖的海拔比坦噶尼喀湖要高得多，因此，比起坦噶尼喀湖，维多利亚湖更可能是尼罗河的源头。

斯派克回到英国，开始宣布尼罗河的源头不再是个谜，但他和伯顿之间的敌意变得越发明显。据后来到达的伯顿说，两人同意保守秘密，不对外透露维多利亚湖是尼罗河源头的消息，并支持伯顿关于坦噶尼喀湖为尼罗河源头的说法（伯顿的说法当然是错误的）。英国皇家地质学会（Royal Geological Society）选择斯派克带领另一支探险队证实自己的理论，两人之间的分歧因此进一步扩大。

1860年4月，斯派克再次前往非洲。多年来，阿拉伯奴隶贩子一直在该地区活动，使得当地部落对任何外国人都产生了严重的不信任，斯派克不得不通过赠送礼物或者通过交易的方式前往维多利亚湖，这就大大延缓了探险的进度。探险队最终于1862年7月到达目的地，斯派克发现白尼罗河从湖中流出，证实了他的理论是正确的，也证明了他的价值超过了他的竞争对手伯顿。我们不清楚接下来发生了什么，但斯派克未能跟进他的发现，未能全面绘制出从湖中流出的尼罗河的地图。斯派克认为问题已经解决了，于是启程回国，向英国皇家地质学会汇报了他的发现，并在1863年出版的《尼罗河源头发现日记》中记录了这些发现。学术并非斯派克专长，人们认为这本书的口吻是极其傲慢的。他的第二部作品《尼罗河源头发现始末》于第二年出版，书中谈到了第二次远征，但这本书的出版是为了战胜自己的对手，包括伯顿在内。这本书也没有成功，伯顿向斯派克提出挑战，要求进行辩论，以一劳永逸地解决他们之间的问题。

可悲的是，斯派克在辩论前一天死于一场狩猎事故，当时他拿着一把上膛的枪支翻越墙头，结果枪支走火，射中他的腋下。伯顿声称斯派克是自杀身亡，因为他没有勇气支持自己的说法。

几年后，亨利·斯坦利万分肯定地证实维多利亚湖就是尼罗河的源头，历史证明约翰·斯派克是正确的。

哈姆人

约翰·斯派克支持哈姆理论。这一理论认为，像图西人这样的非洲部落是哈姆的直系后裔，哈姆是《旧约》中诺亚（Noah）的儿子。中世纪的学者认为，所有非洲人都是哈姆的直系后裔，但是斯派克认为图西族的肤色较浅，只有他们才是哈姆的后裔，把他们视为“现存的圣经真迹”，这是这一理论背后的推动力。斯派克形容他们是一个“优越的种族”，他认为图西人与英国统治的其他非洲部落有着根本的不同。这是因为图西族“精致的椭圆形脸庞，大大的眼睛……象征着阿比西尼亚最好的血统”，他们最显著的特征是“有显著的亚洲特征，其中一个显著的特征是高鼻梁而不是塌鼻子”。有了这一“证据”，他相信北非人“文明”程度较高，比“野蛮”的中非人更优越。这一理论直到19世纪60年代仍有追随者，斯派克的研究为这种奇怪的逻辑提供了更多的证据。

▲ 中世纪的人们认为，诺亚的儿子哈姆在非洲定居

最后的未开拓领域

艰苦的现代旅程将探索发现提升到一个全新的水平

206 南极探险竞赛　216 南极探险竞赛　218 征服珠穆朗玛峰

228 尤里·加加林　234 尼尔·阿姆斯特朗

303
304
305
306
307
19
18
17
16
15
14
13

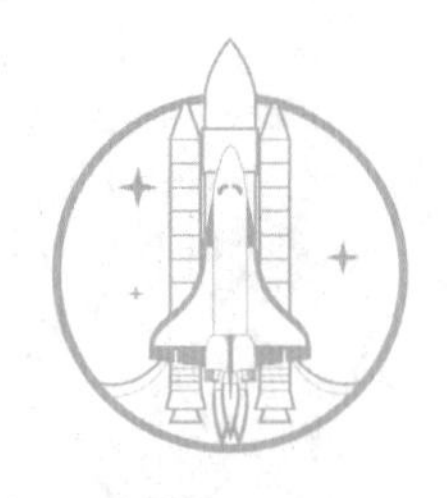

南极探险竞赛

有悲有喜

斯科特船长拥有古老的帝国主义探索观，这种探索观和科学与发现之间的拉锯战是如何导致他的团队成员在南极洲冰雪世界中死去的呢？

当这个消息通过电报传来时，人们感到震惊、怀疑，还有惊讶。这也将最终导致一名英国船长和他的四名探险队员死亡，他们比任何人都更接近希望和荣耀之地。数十年来，北极一直是世界各地探险家的目标。电报显示，双方均已抵达北极，两个声称已经到达地球上最荒凉地之一的都是美国人，他们是罗伯特·佩里（Robert E Perry）和弗雷德里克·库克（Frederick Cook）博士。尽管双方都没有提供足够的信息让怀疑论者保持沉默，但这份报告却激发了另一位探险家的行动，他就是罗尔德·阿蒙森。

这则电报让挪威人罗尔德·阿蒙森第一个到达北极的梦想破灭了，于是他把目标改为第一个到达南极。阿蒙森知道，一位名叫斯科特的英国船长也在为这样的旅程做准备，如果知道自己有对手，斯科特一定会大发雷霆。于是，阿蒙森暗中准备，亲自挑选了一支探险小分队，在黑夜的掩护下从挪威起航。当探险队抵达西非的马德拉岛时，他才告诉船员他们此行的实际目的地，船员们为此感到震惊不已。然后，阿蒙森发电报通知全世界他的计划。其中一封电报是发给斯科特的，上面写着：“请允许我通知您……前往南极。阿蒙森。”探险竞赛就此拉开序幕。

罗伯特·福尔肯·斯科特对南极探险并不陌生。1901年，这位英国海军军官就曾经担任“发现号”的船长探索新大陆，并进行科学研究。这艘船直到1904年才返回英国，这次探险向斯科特灌输了一些理念，比如他对哈士奇狗的不信任，这些理念将成为决定他和阿蒙

1911年9月12日

天气好转的可能性不大，这一切都告诉我，除了前往位于纬度80度的仓库，别无他法……我可从来没有这样想过，既然踏上了旅程，就得固执己见，不顾人和动物的安全继续前进。如果我们要赢得这场比赛，每一着棋都得小心翼翼——一着走错，全盘皆输。罗尔德·阿蒙森

▲ 罗伯特·斯科特船长的船只“特拉诺瓦号”

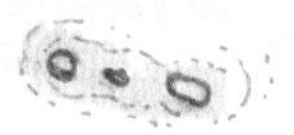

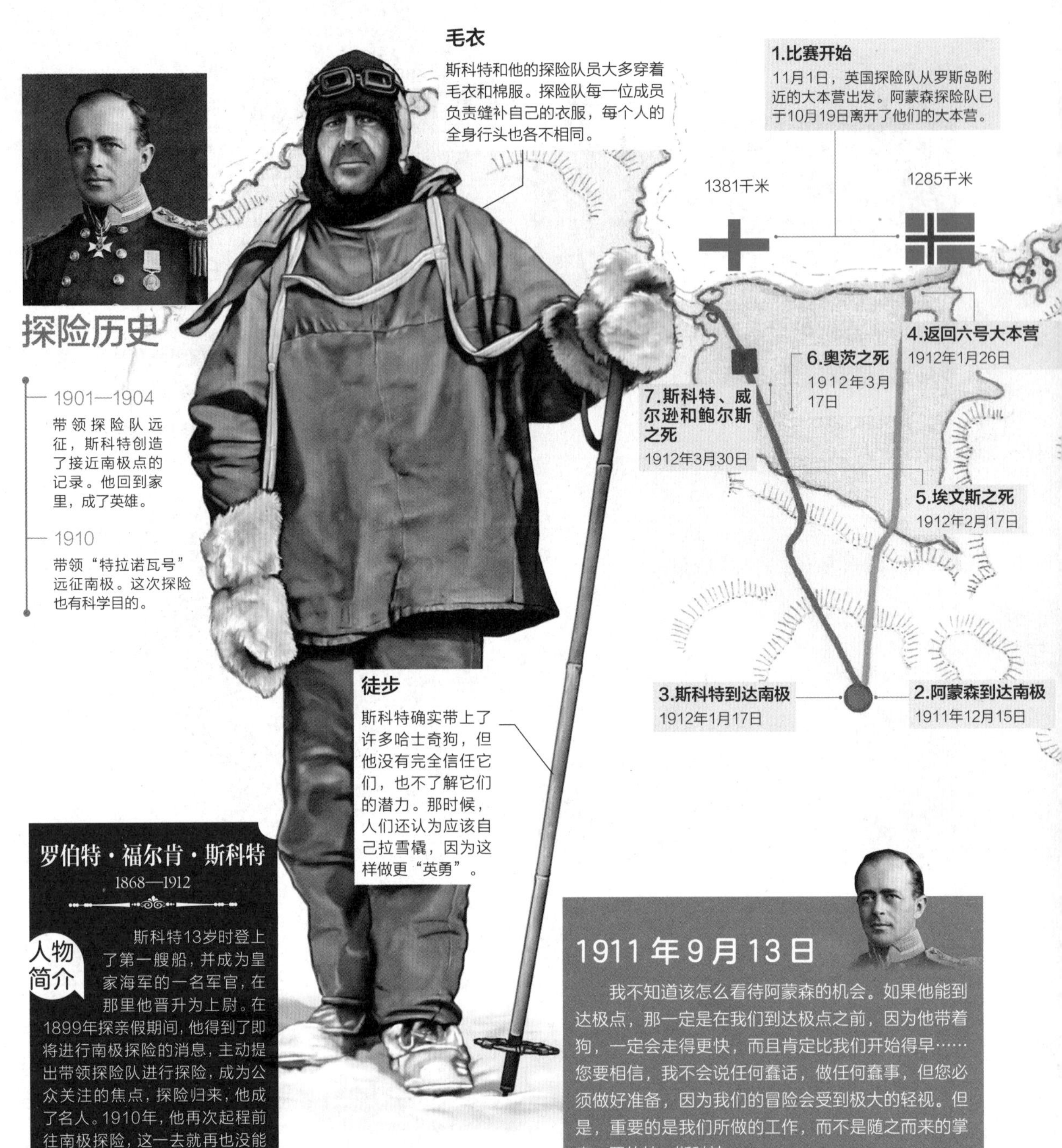

探险历史

1901—1904
带领探险队远征，斯科特创造了接近南极点的记录。他回到家里，成了英雄。

1910
带领"特拉诺瓦号"远征南极。这次探险也有科学目的。

罗伯特·福尔肯·斯科特
1868—1912

人物简介 斯科特13岁时登上了第一艘船，并成为皇家海军的一名军官，在那里他晋升为上尉。在1899年探亲假期间，他得到了即将进行南极探险的消息，主动提出带领探险队进行探险，成为公众关注的焦点，探险归来，他成了名人。1910年，他再次起程前往南极探险，这一去就再也没能回来。

1911年9月13日

我不知道该怎么看待阿蒙森的机会。如果他能到达极点，那一定是在我们到达极点之前，因为他带着狗，一定会走得更快，而且肯定比我们开始得早……您要相信，我不会说任何蠢话，做任何蠢事，但您必须做好准备，因为我们的冒险会受到极大的轻视。但是，重要的是我们所做的工作，而不是随之而来的掌声。罗伯特·斯科特

森南极探险竞赛的关键因素。

在1902年的一次探险中，斯科特、厄尼斯特·沙克尔顿（Earnest Shackleton）和威尔逊（Wilson）博士开始了一次大胆的探险之旅，他们向南旅行，想看看他们能走多远。斯科特在日记中指出，他"宁愿花十天时间进行人力搬运，也不愿花一天时间驱赶一群精疲力尽的哈士奇狗"。90多天后，他们长途跋涉了1545千米，才返回大本营。他们比任何人都更接近南极，但这对雄心勃勃的探险家来说还不够。

斯科特回国后成了英雄，海军立即把他提升为上尉。他突然进入了上流社会，和伦敦最高级

挪威国旗

南极探险竞赛不仅仅是两个人之间的竞赛，也是两个国家之间的竞赛。挪威在1905年才成为一个独立的国家，所以对挪威人来说，在南极插上国旗是一件非常值得骄傲的事情。

裘皮服装

阿蒙森被称为第一个专业的极地探险家，他在计划探险旅程时研究了因纽特人的服装。他的探险团队身穿毛皮衣服，这在寒冷的环境中帮了他们大忙。

探索历史

罗尔德·阿蒙森
1872—1928

人物简介 阿蒙森出生在博尔奇（Borge）的一个挪威船东和船长家庭，母亲不希望他和家族成员一样从事海上贸易，鼓励他当医生。阿蒙森一直承诺当一名医生，直到21岁时他母亲去世。他从大学退学，1897年作为大副加入比利时南极考察队。他率领第一支探险队到达南极，随后继续探险。1928年6月18日，阿蒙森在北极执行救援任务时失踪。

1903年——带领一支由六人组成的队伍进行第一次探险，穿越大西洋和太平洋之间的加拿大西北航道。

1910年——为他最终成功的南极之旅做计划，他的探索之旅仍将继续。

1918年——探索北冰洋，为期两年。

靴子

阿蒙森探险队由优秀的滑雪者组成，甚至包括滑雪冠军。这双靴子能固定在滑雪板上，探险队员因此能跟得上哈士奇雪橇狗的步伐。

哈士奇雪橇狗

挪威探险家阿蒙森很清楚哈士奇狗的重要性，他没有采用人工搬运，而是带了一大队哈士奇去为他们运输补给。

◀ 1911年，罗尔德·阿蒙森在南极

的社交名媛一起吃饭喝酒，正是在这里，他遇到了他未来的妻子、艺术家兼雕塑家凯瑟琳·布鲁斯（Kathleen Bruce）。他在英国时，他的前队员沙克尔顿（Shackleton）开始了一个人的南极探险之旅。斯科特和他曾经在“发现号”上争吵不休，而沙克尔顿独自探险的消息使他们之间的关系产生了更大的裂痕。尽管沙克尔顿没有到达传说中的南极，但他也被认为是英雄，一回来就被封为爵士。英国似乎对勇敢的探险家有着无止境的渴求，因为探险与国家威望紧密相连。世界上最大的帝国想控制另一个狭小冰冷的角落，将它揽入自己宽阔的怀抱。南极是世界上最

▲ 阿蒙森和他的船员在阿拉斯加，他们乘坐的挪威船只于1903年至1906年第一次独自航行通过西北航道

后一个伟大的角落，这里的地图尚未得到绘制，它是探索发现的终极标志。斯科特想为他自己和他的国家赢得这个荣誉。

这位英国探险家开始组建他的团队，探险队从一开始就很清楚，这不仅仅是为了首先到达南极，他们还有一个真正的目标——科学发现。探险队的科学主管爱德华·威尔逊（Edward Wilson）博士给他父亲写了一封信，信中清楚地概括了团队的想法："我们希望进行科学工作，发现南极仅仅是研究结果中的一项内容。"斯科特的死亡，部分原因正是由于这种雄心壮志和将这次旅行当作一次科学之旅的愿望。阿蒙森不受这种情绪的干扰，因为他已经被冠以第一位"专业极地探险家"的称号。他带着一个明确的目标领导了一次突袭探险，这个目标就是到达南极。他和他的团队所做的一切都紧紧地围绕着这个目标。正如他所说："科学与我何干。"

运输斯科特和探险队员前往南极的船只叫"特拉诺瓦号"，船只在新西兰停留，这是他们为探险队准备充足补给的最后机会。探险队不准备依赖狗（尽管他们会带上33只），而是依赖矮马和三个新式摩托雪橇，斯科特希望这些能帮助他们，但这是探险队科学发现的另一个领域。这些雪橇已经通过测试，它们的状况良好，只是测试的环境与南极的情况不可比拟。在交通方面还有其他问题，斯科特手下的奥茨上尉（Captain Oats）看到19匹小矮马，着实吓了一跳，因为它们都很老了，其中四只还是瘸的（后来他们杀了这四匹瘸马）。1910年11月29日，斯科特带领探险队前往南极洲，1月4日在一个基地登陆——这个基地不是位于罗斯岛（Ross Island）顶端斯科特的旧探索总部，而是在十千米之外的一个岬角上，他以自己副手的名字将其命名为埃文斯角（Cape Evans）。当他们把船上的东西卸下来时，最大的摩托雪橇掉到了冰里，永远留在了冰层下冰冷的水中。这不是探险队遭受的最后一次不幸。

阿蒙森团队与此形成了鲜明的对比，他们将成功的赌注押在了狗身上——准确地说，是100只北格陵兰雪橇狗。正如罗纳德·亨特福德（Ronald Huntford）在《南极探险竞赛》一书中所解释的，他们的“弗雷姆号”是“一个漂浮的狗舍。100只爱斯基摩狗散放在船上……船上的19名船员突发奇想，带上了这些动物，这是他们事业成功的关键”。挪威人从格陵兰岛得到了这些动物，因为他们认为这些动物是最适合南极条件的，他们计划让狗拉雪橇，探险队员站在雪橇上，紧随其后。阿蒙森研究了因纽特人的文化，并学习了他们旅行和穿衣的技巧。

斯科特的探索方法截然不同。说他在探索方面与现实脱节是非常不公平的，而使用摩托雪橇也表明了他愿意创新，他的方法不仅仅是旧帝国的那一套。对他来说，一次成功的旅程需要船员勤奋刻苦、顽强不屈，需要船队指挥领导有方，也需要英国人在逆境中迸发出来的力量。这体现在探险队对待搬运设备的态度上，他们坚持人工搬运设备，而不是让狗拉——这种行为被视为更“英勇”。正因为如此，他主要选择海军军人加入他的探险队，而不是那些只有南极探险经验的人。

至少在精神上，这是一次“老式”的冒险，而他的竞争对手更多地把这次探险看作一项专业任务，并进行了有目的的招聘，聚集了最优秀的狗及最有经验的探险队员、滑雪者和驯狗员。

这两个竞争对手最初沿着相似的道路前往南极。他们卸下装备，建造了冬季住宿设施，并着手准备即将开始的竞赛，在冬季来临之前沿着路线设置储藏处，这使旅途变得更加危险。这些仓库为返程提供食物和燃料，也是为了减少出发时所需的设备数量。两支探险队都在冬季时安顿下来，完善了计划，希望能确保自己成为英勇的南极探险家，名字永留史册，但他们的准备工作在某些方面有所不同。

斯科特探险队带有科学考察色彩，探险队员们执行了几项测绘和地质勘察任务，还要完成一项更具体的任务：找到并带回一个帝企鹅蛋。在此之前，还没有人找到过帝企鹅蛋，1911年6月27日，一支由三人组成的探险队从大本营出发。

▲ 斯科特上尉的小屋，位于南极洲罗斯岛埃文斯角

▲ 1912年1月，沮丧的斯科特和他的团队在南极

他们不得不拉着两个雪橇，上面装有食物、燃料和设备，前往112千米外的克罗齐尔角（Cape Crozier）企鹅繁殖地，结果迷路了。三人最终找到了企鹅繁殖地，五周后带着三个帝企鹅蛋返回大本营。斯科特称之为“极地历史上最英勇的故事之一”，尽管寻找帝企鹅蛋有着高尚的目的，但也有人质疑。探险队最终带回了4万多个不同的标本，他们的研究形成了15卷装订成册的报告。斯科特的任务不仅仅是第一个到达南极。

斯科特整个冬天都在他的小屋里埋头工作，一直在修改他的计划。当他的副手埃文斯中尉外出查看沿途仓库时，斯科特宣布了计划。在《南极》一书中，作者凯瑟琳·查理（Catherine Charley）推测这是因为埃文斯是斯科特唯一担心会反抗他的人，但没有证据支持这一观点。这位英国探险家的计划是11月3日出发，他计算了一下，这段长达2460千米的环形路程需要144天。探险队将使用四种运输方式——人力运输、小马运输、雪橇狗运输和摩托雪橇运输——但斯科特希望主要依靠人力和小马进行运输。一队人马穿过比尔德莫尔冰川（Beardmore Glacier），然后其中三人和斯科特一起继续最后一段旅程，前往南极。有些探险队员觉得这项计划前景乐观，所以没有为任何突发事件做准备。事实上，科学家乔治·辛普森（George Simpson）在他的日记中写道：“几乎看不到边际，几次事故和恶劣天气不仅会带来失败，而且很可能会带来灾难。”尽管各人想法不同，可是计划已经确定，南极探险竞赛可以开始了。

在南极的夏天，太阳在地平线上空照耀。斯科特探险队被分成不同的小组，几个小组分批出发。埃文斯负责一个小组，这个小组有两个电动雪橇。后来，斯科特小组发现这些雪橇被遗弃在冰上，上面满是积雪，斯科特感到十分震惊。埃文斯留下一张纸条解释说，雪橇坏了，无法修理，所以埃文斯小组只有人工搬运补给，继续前进。更糟的是，小马显然不适应这里的环境。阿蒙森探险队则没有遇到这样的困难。他们五人一组踏上了征程，探险队员们都是经验丰富的滑雪者。阿蒙森与斯科特不同，他还允许队员携带大量供应物资，这意味着他们可以坚持很久。

双方经常遇到非常可怕的情形——这是以前没有其他探险队到达南极的原因。有时能见度很差，他们看不到前方的任何东西。太阳从不落山，雪地反射的太阳光线非常强烈。平均气温达到零下50摄氏度，标准温度为零下21摄氏度，风像刀子一样，无情地在他们周围呼啸。

斯科特探险队距离他们的目标只有240千米了，但斯科特改变了他对最后一段探险路程的计划。他现在要带上四个人，而不是计划中的三个人，第四人就是鲍尔斯（Bowers）中尉。这一举动成了人们批评斯科特的依据。探险小组现在有五个人，但食物配给只有四个人的。虽然增加

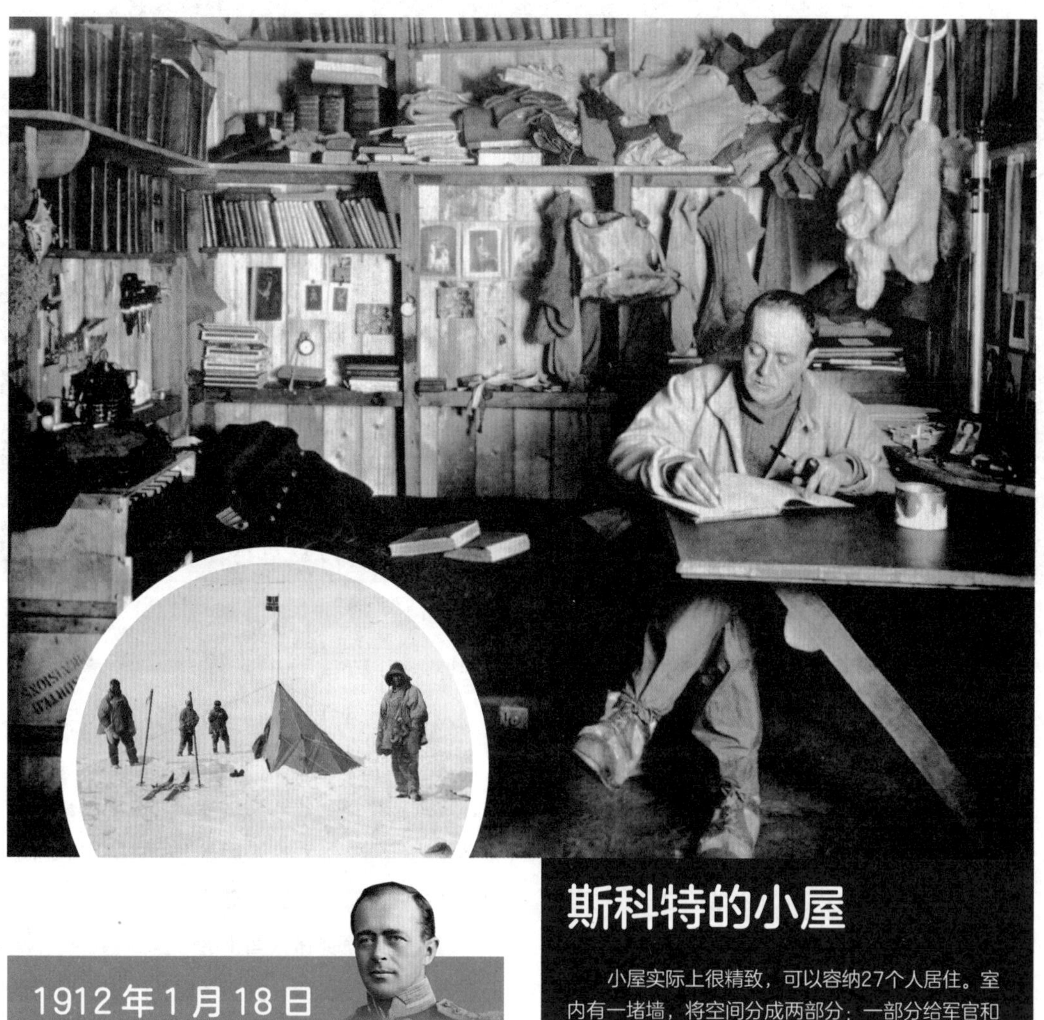

1912年1月18日

我们刚到这个帐篷，离营地有两英里，离南极大约有1.5英里。在帐篷里，我们找到了五位挪威人已经到过这里的记录……无法实现我们的雄心壮志了，我们必须面对前方800英里的艰难旅程——告别白日梦！罗伯特·斯科特

斯科特的小屋

小屋实际上很精致，可以容纳27个人居住。室内有一堵墙，将空间分成两部分：一部分给军官和绅士，另一部分给探险队员。暗室里设备齐全，里面有煤气，还有炉子和灶台。小屋前面就是厕所，也有军官绅士专用和普通探险队员专用之分。消磨时间的活动包括月光足球、关于“马匹管理”的主题讲座、杀马剥马皮，还有科学探索活动。

了一位经验丰富的领航员，但粮食供应能跟得上吗？但是已经决定，斯科特和他的四位探险队员便出发了，他们在寒风中艰难前行，其他探险队员则朝着另一个方向走去，回到了探险队的大本营和安全地带，可是却失去了名垂千古的机会。在探险队分道扬镳一个星期后，斯科特探险小组于1月9日到达目的地，比沙克尔顿离极点更近。斯科特击败了他的一个劲敌，但还有一个更危险的劲敌，这位劲敌正在一步一个脚印地朝着目标前进。

斯科特并不知道，阿蒙森也打破了沙克尔顿的记录，比斯科特整整早了一个月。阿蒙森探险队的队员开始感到身体不适，探险队的雪橇狗也饥肠辘辘，开始变得具有攻击性。夜晚，他们不

“我得过段时间才能回来”——斯科特的探险队员

威尔逊博士

英国人1872—1912

科学主管

威尔逊和斯科特一起执行探索发现任务，他还带领探险队寻找并带回了一个帝企鹅蛋。

奥茨上尉

英国人，1880—1912

负责管理小马和骡子

奥茨知道自己变成了探险队的累赘，于是他离开了同伴，走进风雪中，牺牲了自己。

鲍尔斯中尉

英国人，1883—1912

粮食官

虽然斯科特最初并不看好鲍尔斯，但鲍尔斯证明了自己是一个熟练的组织者。

埃文斯中士，皇家海军

英国人，1876—1912

负责照看雪橇和设备

埃文斯是一位彪形大汉，负责照看所有设备，包括雪橇、睡袋。

得不提防雪橇狗，害怕它们会发起攻击。但他们离目的地已经很近了。他们朝着目标前进，心里万分紧张——他们会看到斯科特团队凯旋吗？事实上，他们没有看到。1911年12月15日，在使用罗盘认真测量后，阿蒙森和他的队员默默地握手庆贺，然后将挪威国旗深深地插进了雪地里。探险队不想让任何人质疑他们取得的成就。阿蒙森通过计算，得出真正极点的位置（后来的研究显示，他离真正的极点只有200米远——他的计算真够准确的）。他们前往真正的极点，并在那里搭上了一个帐篷，将他们不需要的东西都留在了里面。阿蒙森在营地外又插上一面旗帜，这个营地位于斯科特探险队必经的路线上，所以他还给斯科特留了一封信。阿蒙森在日记中写道：“再见了，亲爱的南极。我想我们不会再见面了。”

从来没有一面国旗会对一群疲倦的人造成如此毁灭性的打击。阿蒙森插上的旗子就像一把匕首插进了斯科特探险小组的肋骨，他们一动不动地站在雪地里，雪地上还留有雪橇狗的爪印。队员们沮丧万分，但斯科特坚持要他们继续前往目的地，插上英国国旗。他们到达了阿蒙森的帐篷，发现了一封写给斯科特的信。上面写道：“由于您可能是我们之后第一个到达该地区的人，我请您将这封信转交给哈康七世国王。如果帐篷里的任何物品对您有用，您尽管取用。向您致以亲切的问候，祝您平安归来！”

队员们拿了挪威人留下的一些御寒衣物，高高地升起了英国国旗，开始考虑返回的旅程。他们不得不自己拖着雪橇跋涉1290千米。他们用阿蒙森旗上的一根杆子，把一只帆系在雪橇上，向远处驶去。他们心里充满了绝望，又希望能有一股强风鼓起风帆，推动雪橇前进。时间一个星期一个星期地过去，他们开始出现了冻伤，饥饿正在慢慢吞噬队员们的生命。

虽然他们第一个到达南极的目标失败了，但斯科特并没有放弃这次旅行的科学尝试，他同意威尔逊花一个下午收集岩石样本带回去进行科学研究。这不仅占用了时间和精力，而且增加了探险队需要承担的重量。到1912年2月17日（星期六），探险队已经跋涉了640千米，走完大约一半的路程，队员们受伤现象严重，疲劳万分。埃文斯的情况是最严重的，他的手指生了冻疮，而且感到恶心头晕。他不时地倒下，又站起来。其他队员继续赶路，但是他们不得不经常停下来等待埃文斯——有一次斯科特返回去找埃文斯，发现他在雪地里向前爬行。埃文斯很快就死了，他是探险队里第一个倒下的人。

没有时间悲伤，如果他们要生存下去，就必须不断地前进，从沿途的一个物资仓库坚持到另一个物资仓库。这时候，他们每天步行九小时，大约行走11千米。奥茨的脚上也有冻伤，正在变成坏疽。他睡觉时在睡袋上切了一条缝，把双脚放在外面，因为他无法忍受双脚暖和过来然后又冻僵的痛苦。他知道自己成了同伴的累赘，于是有一天晚上，他走到帐篷门口，转过身说："我出去一趟，可能过段时间才能回来。"看着他一瘸一拐地走进雪地里，队员们知道再也见不到他了。斯科特自己现在也几乎走不动了，威尔逊和鲍尔斯认为他们能坚持到下一个物资仓库，三个人待在帐篷里，外面狂风大作。人们认为，如果他们的竞争对手阿蒙森不改变探险目标，斯科特和他的队员是可能幸存下来的——他们距离下一个物资仓库只有18千米。如果斯科特知道是自己的探险队先到达南极的，会不会有继续前进的勇气和力量呢？尽管如此，这三个人还是待在帐篷里写留言，等待着死亡的来临。威尔逊和鲍尔斯给他们的家人写了留言，斯科特给新闻界、他的家人和赞助商留了言。他还写了最后一篇日记。

南极第二年夏季的太阳再次出现时，一个搜救队发现斯科特船长帐篷杆的顶端从雪地里露了出来。他们找到了斯科特和他的探险队员，还有他们的信件、日记和照片。帐篷几乎被雪完全覆盖了，如果在搜救队到达帐篷之前再下一场大雪，帐篷就会被彻底掩埋。如果那样的话，后人将无法知晓斯科特和探险队员们的命运及他们的日记和思想。在唱完斯科特最喜欢的赞美诗《基督教士兵》之后，搜救队建造了一个十字架，把它置于帐篷顶端，留在了南极。

计划不周，工作重点不明确，加之运气不佳，这一切导致了英国远征队的失败。但他们直到死亡都表现出的巨大的勇气和自我牺牲精神，实在是鼓舞人心。直到今天，为了纪念他们，一个十字架仍然矗立在埃文斯角附近的海滩上。最后一句话是："去奋斗，去追求，去发现，但绝不屈服。"斯科特做到了这一切。

1912年3月29日

每天我们都准备出发前往11英里外的仓库，但帐篷外仍然是一片鹅毛大雪。我想我们现在不能指望情况会有好转了。我们应该坚持到底，但是我们越来越虚弱，我们离死亡不远了。这似乎很遗憾，但我确实写不出更多的东西了。罗伯特·斯科特

1912年3月7日

上午11点到达霍巴特（Hobart），和医生与港务长一起上岸，预订进入东方酒店。我戴着尖顶帽子，身穿蓝色毛衣，被当作流浪汉对待，酒店给我安排了一个破旧不堪的小房间。然后我立即拜访了挪威领事麦克法兰（McFarlane），受到这位老先生的热烈欢迎……随后给国王发了电报。罗尔德·阿蒙森

穿越西北航道

在南极探索竞赛之前，
阿蒙森率领探险队第一次成功穿越了加拿大西北航道。

1903年，罗尔德·阿蒙森和他的六名船员在连接北大西洋和太平洋的著名海上航线进行了长达三年的航行，没有人员死亡或遭遇灾难。他们乘坐的是47吨的小型渔船“格约亚号”，他认为这艘船对他们的成功至关重要，因为“格约亚号”能够在浅水区航行，可以沿着计划好的航线，使他们靠近海岸线航行。

船员们于6月16日从克里斯蒂亚尼亚

▲ 阿蒙森是他那个时代最伟大的极地探险家，被认为是第一个到达过两极的人

▲ 阿蒙森的船只“格约亚号”停泊在约阿港，船员们在那里与因纽特人一起生活了将近两年

罗尔德·阿蒙森失踪

在成功穿越西北航道后，阿蒙森继续在极端条件下开展富有挑战性的探险，包括前往东北航道、北极和南极。1926年，他和其他的15名飞行人员（包括意大利飞行员和工程师翁贝托·诺比尔），乘坐诺比尔设计并驾驶的“挪威号”飞艇首次飞越北极。

▲“拉瑟姆-47”是阿蒙森在1928年营救翁贝托·诺比尔时乘坐的飞机

两年多后的1928年6月，诺比尔乘坐“意大利号”飞艇进行第二次北极飞行，结果返回时飞艇失事。阿蒙森和机组人员，包括著名的挪威飞行员莱夫·迪特里森（Leif Dietrichson）参加了前往搜救飞艇的北极营救行动，试图找到失事的“意大利号”飞艇，但是阿蒙森乘坐的飞艇在搜救行动中失踪了。当天，人们收到了阿蒙森飞艇发来的最后一条无线电信息，随后便失联。搜救队在挪威特罗姆瑟（Tromsø）海岸发现了飞艇部件，据信阿蒙森乘坐的飞艇由于大雾坠毁于巴伦支海（Barents Sea）的某个地方。飞艇残骸一直未被发现，也没有找到阿蒙森和他同伴的尸体。

（Christiania，今天的奥斯陆）出发，直奔格陵兰西海岸。然后，他们沿着格陵兰西海岸，驶过北大西洋的巴芬湾，停泊在加拿大群岛中的比奇岛。19世纪中叶，英国探险家约翰·富兰克林爵士正是在这里和他的部下们一起安营扎寨，寻找西北通道的，结果探险队失踪，下落不明，富兰克林海峡就是以他的名字命名的。阿蒙森探险队在那里待了一两天之后，沿着富兰克林海峡继续航行，停泊在威廉国王岛的东南角。

阿蒙森和他手下的探险队员将他们停泊的小港口命名为“约阿哈文”，也就是今天的约阿港（Gjöa Haven）。1903年和1904年冬天，他们在那里待了将近两年，进行了磁场测试和各种实验。1905年春天，他们对未知的北部地区进行了一次大型雪橇探险，探险行程超过800英里。当时，尽管阿蒙森自己无法通过陆地到达北极，但他收集了足够的科学数据来确定北极的位置。在岛上，探险家们花了大量的时间与当地的因纽特人相处，学习他们在北极极端环境中的生存方式，包括轻松旅行和使用狗拉雪橇。后来证明，在阿蒙森成功的南极探险中，这种学习对他来说是无价之宝。

1905年8月，“格约亚号”返回，经过加拿大维多利亚岛西海岸的剑桥湾（Cambridge Bay），继续向南航行。他们在加拿大北部海岸的金点（King Point）度过了第三个也是最后一个冬天，随后由于结冰，又在赫歇尔岛（Herschel Island）搁浅了将近一个月。最终，他们于1906年8月脱离险境，并于1906年8月31日抵达阿拉斯加的诺姆市（Nome），这标志着西北航道第一次航行成功完成。阿蒙森在日记中写道：“我儿时的梦想在那一刻实现了。一种奇怪的感觉涌上了我的心头。我感到过度紧张，疲惫不堪——我有点儿软弱，感到眼泪在我的眼睛里打转。”

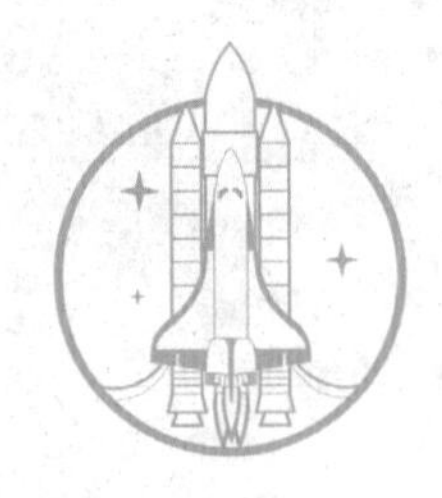

征服珠穆朗玛峰

埃德蒙·希拉里登顶珠穆朗玛峰

新西兰探险家是如何成为历史上
第一个登上世界最高峰的人的?

1953年5月29日上午11时30分，埃德蒙·希拉里和他的尼泊尔夏尔巴向导丹增·诺盖（Tenzing Norgay）站在海拔8848米的地方，他们终于可以停下来领略一番眼前的景色了：这是以前从没有人见过的景色。两人是第一组登上世界最高峰珠穆朗玛峰（Chomolungma）的人。这座山傲然屹立在喜马拉雅山脉之间，连接中国和尼泊尔，以前征服它的所有尝试都以失败告终。就在几天前，希拉里的探险向导汤姆·布迪隆（Tom Bourdillon）和查尔斯·埃文斯（Charles Evans）来到离山顶不到100米的地方，但却未能登顶。希拉里很绅士地将他的胜利归功于团队的努力，称赞布迪隆和埃文斯在扫清道路障碍上所做的工作。然而，第一次踏上地球最高点的是希拉里自己。

珠穆朗玛峰是皇家地理学会（Royal Geographical Society）1865年以印度总勘测员乔治·珠穆朗玛（George Everest）爵士的名字命名的。这座山峰在尼泊尔境内被称为“萨迦玛塔峰”（Sagarmāthā），在中国境内被称为“珠穆朗玛峰”。乔治爵士实际上抗议以自己名字命名山峰，因为这个名字无法用印地语发音，也无法翻译成印地语。不管他喜不喜欢，名字就这么定下来了。大风、低氧、冰瀑、雪崩、严寒和暴风雪，这一切使得攀登珠峰变得极其危险。但在1885年，当时的阿尔卑斯山俱乐部主席克林顿·托马斯·登特（Clinton Thomas Dent）认为登顶珠峰是可能的。不过，这要过68年才能证明他是对的。

希拉里远征成功之前，曾有人进行过多次尝试。乔治·马洛里（George Mallory）和盖伊·布洛克（Guy Bullock）在1921年领导了一次探险，发现了从中国西藏出发的北方路线（从尼泊尔东南部出发的路线被认为是“标准路线”，其实这条路线并不容易）。乔治·芬奇（George Finch）于1922年尝试攀登珠峰，他

先于埃德蒙·希拉里的十次尝试及未能登顶的原因

1922

登山者：查尔斯·格兰维尔·布鲁斯、爱德华·里斯特尔·斯特鲁特、乔治·马洛里、乔治·芬奇、杰奥·雷伊·布鲁斯

失败原因：经过三次尝试，七名夏尔巴登山者在雪崩中丧生。他们是珠穆朗玛峰上第一批有记录的死亡案例。

1924

登山者：乔治·马洛里、安德鲁·欧文、爱德华·诺顿

失败原因：马洛里和欧文在向珠峰冲刺的过程中失踪。马洛里的尸体直到1999年才被发现。

1933

登山者：休·罗特里奇、劳伦斯·瓦格、珀西·温·哈里斯、埃里克·希普顿、弗兰克·斯迈思

失败原因：瓦格和温 哈里斯走错了原本规划好的路线，条件恶劣，只能掉头下山。希普顿也因为生病下山。

1935

登山者：埃里克·希普顿、比尔·蒂尔曼、查尔斯·维格拉姆、埃德蒙·维格拉姆、丹增·诺盖

失败原因：他们没有攀登珠峰，只是侦察，没有尝试登顶。他们将西库姆冰斗确定为可能的路线，这是正确的。

1936

登山者：休·罗特里奇、比尔·蒂尔曼、弗兰克·斯迈思、珀西·温·哈里斯、丹·布莱恩特

失败原因：早来的季风破坏了罗特里奇的第二次尝试，他的队伍侥幸在雪崩中幸存了下来。

1938

登山者：比尔·蒂尔曼、埃里克·希普顿、弗兰克·斯迈思、诺埃尔·奥德尔、彼得·劳埃德

失败原因：这支队伍在没有氧气补给的情况下登山，由于疾病和恶劣天气，最后被迫放弃了登山。

1947

登山者：厄尔·登曼、丹增·诺盖、昂·达瓦

失败原因：这是一次非正式的探险，他们非法进入中国西藏，结果探险小分队遭遇恶劣天气，不得不停止。

1950

登山者：比尔·蒂尔曼、查尔斯·休斯敦、奥斯卡·休斯敦、贝齐·考尔斯

失败原因：和1935年一样，这只是一次探索性的探险，勘察从南面到达珠穆朗玛峰的标准路线。

1951

登山者：埃里克·希普顿、埃德蒙·希拉里、汤姆·布迪隆、怀特·默里、迈克·沃德

失败原因：这是另一次勘察，探索西库姆冰斗潜在的新路线。探险队遇到了无法逾越的裂缝，结束了探索旅程。

1952

攀岩者：爱德华·怀斯·杜南特、雷蒙德·兰伯特、丹增·诺盖、雷内·奥伯特、利昂·弗洛里

失败原因：实际上是两次攀登。第一次是侦察，由于缺乏给养而掉头下山。第二次失败是因为天气恶劣。

登山队大部分队员结束艰难路程，返回了第七营地，但希拉里和丹增继续留在那里准备登顶。

是第一个尝试用瓶装氧气攀登的人，他成功地爬到了8320米才返回，这是当时官方认可的人类攀登珠峰最高的高度。1922年，马洛里又进行了一次尝试，1924年进行了第三次尝试：这也是他最后一次攀登，他和他的搭档安德鲁·欧文（Andrew Irvine）再也没有回来。直到1999年才在珠峰北坡的一个雪坑里发现了马洛里的尸体。

休·罗特里奇（Hugh Ruttledge）于1933年和1936年在北坡进行了两次突击攀登，但都以失败告终。1952年，爱德华·怀斯·杜南特（Edouard Wyss Dunant）领导瑞士探险队，夏尔巴人丹增和雷蒙德·兰伯特（Raymond Lambert）创造了8610米高度的新纪录，这一经历将使丹增在1953年的攀登中成为不可或缺的角色。

希拉里和丹增创造历史的探险是英国第九次试图登上珠穆朗玛峰，领队是英国陆军上校约翰·亨特（John Hunt）。亨特在第二次世界大战期间作为一名中校表现杰出，获得了“杰出服役荣誉奖章”，在接到阿尔卑斯俱乐部喜马拉雅山联合委员会和皇家地理学会的邀请时，他已在盟军远征军最高司令部任职。

亨特的军事领导经验加上他的登山资历（他

曾参加1937年喜马拉雅山寻找雪人活动）使他成了不二人选，尽管有些人对他击败埃里克·希普顿（Eric Shipton）而当选感到惊讶，埃里克·希普顿在前一年曾带领过一个攀登队攀登卓奥友峰（Cho Oyu），不过没有成功。亨特手下的许多珠穆朗玛峰登山者，包括希拉里在内，都是攀登卓奥友峰的老队员。

亨特的团队最终确定为：医务人员迈克尔·沃德（Michael Ward）、格里菲斯·普赫（Griffith Pugh）和查尔斯·埃文斯（探险队的副领队），科学家乔治·班德（George Band）、汤姆·布迪隆和迈克尔·韦斯特马科特（Michael Westmacott），摄影师汤姆·斯托巴特（Tom Stobart）和阿尔弗雷德·格雷戈里（Alfred Gregory），记者詹姆斯·莫里斯（James Morris），组织秘书查尔斯·怀利（Charles Wylie），还有两位教师乔治·洛威（George Lowe）和威尔弗雷德·诺伊斯（Wilfred Noyce）。陪同他们的还有362名搬运工，其中包括20名夏尔巴族向导，他们是中国西藏和尼泊尔山区的专家，携带着10000磅的行李。当然，探险队还包括希拉里本人。

希拉里是新西兰奥克兰人，从十几岁起就热衷于登山。1939年，20岁的他开始了自己的第一次正式攀登，登上了1933米高的新西兰奥利维尔山（Mount Ollivier）山顶。“二战”期间，尽管希拉里有和平主义倾向，但他还是成为新西兰皇家空军的一名领航员，战后又重操登山旧业。1948年，他登上了新西兰库克山（Mount Cooke，1909米）的最高峰。他和新西兰同胞洛威得知双双被选为珠穆朗玛峰登山队的成员时，两人正一起在阿尔卑斯山探险。季风使得珠穆朗玛峰在一年中的大部分时间里都不适宜攀登，所以探险队选择1953年4月和5月相对平静的时期。

探险队在3月建立了大本营，希拉里独自出发勘察前方的昆布冰瀑（Khumbu Icefall），仅仅一百多米的路程就花了他一个多小时。他所看到的景象真是令人沮丧，比他预期的还要糟糕。

希拉里探险队现在跃跃欲试，准备开始登山。韦斯特马科特费了九牛二虎之力，在令人目眩的冰墙上凿出一条粗糙的台阶。这一地标被命名为“迈克的恐怖”。在这条险恶的道路上，更多的地标将被命名：“可怕的裂缝”、“胡桃钳”、“地狱火之巷”和“原子弹区域”，在那里，希拉里几乎遭受了灭顶之灾，因为一个壁架倒塌，他直线掉了下去。丹增把他拉回到安全的地方，还好，安然无恙，但这次的经历让希拉里感到震惊不已。希拉里在日记中写道：“我抓得很稳，但有的地方裂开了。当然，我们所做的这件事是对信仰的巨大考验。”

最后，他们到达了一座摇摇晃晃的索桥，桥下是可怕的冰冷深渊。这座索桥是瑞士探险队留下来的。夏尔巴人十分辛苦，一直扛着建筑工人的梯子跟着探险队走到这里，现在才知道这些梯子的作用，他们将梯子用螺栓固定在一起，建造了一个足够长的安全结构，可以跨越裂缝。希拉里是第一个爬过去的人，接着又面临下一个挑战——西库姆冰斗（Western Cwm），这是一个相对平坦的山谷，1921年由马洛里命名，也被称为“寂静的山谷”。

“西库姆冰斗”比登山队想象的要陡得多，但在爬过冰瀑之后，它似乎仍然很受队员欢迎，

1953 年珠穆朗玛峰登山队

陪同埃德蒙·希拉里登上世界之巅的硬汉团队

约翰·亨特

登山队长

亨特早年就对阿尔卑斯山和喜马拉雅山有所了解。第二次世界大战后，他在盟军远征军最高司令部工作，并应邀带领1953年攀登珠峰登山队。

丹增·诺盖

导游/攀登者

丹增·诺盖是一位夏尔巴人，生于尼泊尔东北部，在选择登山为职业之前，曾当过几天僧侣。他是1935年希普顿珠穆朗玛峰登山队的一员。

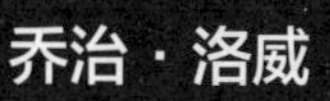

乔治·洛威

攀登者

新西兰人洛威的第一份工作是教师，在南阿尔卑斯山的一次登山度假中遇到了埃德蒙·希拉里。

阿尔弗雷德·格雷戈里

摄影师/攀登者

格雷戈里在布莱克浦长大，在湖区和苏格兰开始了他的登山生涯。他拍摄的珠穆朗玛峰和其他探险的照片在世界各地都可以见到。

通往山顶的路线

1953年，希拉里、丹增和他们的团队花了将近两个月的时间才完成攀登。

珠峰

5月29日

珠峰顶有一张台球桌那么大，有足够的空间让希拉里和丹增并肩站在世界之巅。

胜利在望

5月26日

在离山顶91米的地方，布迪隆和埃文斯不得不放弃。但是当希拉里和丹增到达那里时，他们看到了一条通往世界之巅的路线。

洛子坡

5月4日

1125米的蓝色冰川，坡度40度和50度，偶尔有80度的陡坡。

第七营地

5月17日

在登顶之前，希拉里和丹增就创造了登山史，他们在30个小时内完成了从第四营地到第八营地的攀登，并带着补给再次返回第四营地，一共行走了1500米。

第四营地

4月24日

队伍到达第四营地，带来了3吨物资，所有这些物资都必须由搬运工和夏尔巴人运到这里。

西库姆冰斗

5月2日

也被称为寂静之谷，这是位于洛子坡脚下的一个碗状山谷，是穿过昆布冰瀑后的一个相对平缓的地带。

第二营地

4月15日

穿越昆布冰川路线的准备工作花了将近1周的时间。每天，希拉里和夏尔巴人在砍出更多的道路后，必须返回大本营。

大本营

4月12日

从加德满都出发，经过30天的艰苦跋涉，他们到达了大本营。

呼吸器

希拉里的团队使用了闭路氧气系统，可以与危险环境中的稀薄空气隔绝。

冰斧

这把万能的冰斧有一个锻造的斧头，它可以用来砍出小路和台阶，如果人摔倒了，还可以阻止滑落。

靴子

登山队的靴子设计得尽可能轻便，但带铁钉的鞋底增加了靴子的重量。

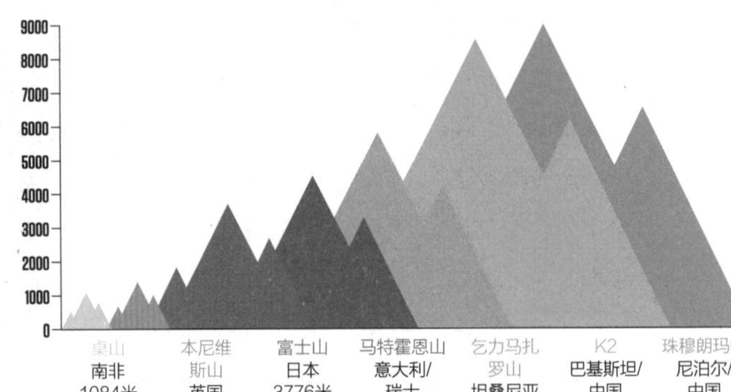

关键数字

10000磅

1953年远征时携带的行李重量

362名

参加1953年登山探险的搬运工人数

200英里/小时

珠穆朗玛峰风速可以达到的时速

零下80摄氏度

珠穆朗玛峰可能达到的低温

33000英尺

南坳每年使用的固定绳长

1970年

第一次有人滑雪滑下珠峰

终于可以松口气了。还有更令人惊喜的东西在前方等着他们：希拉里和丹增发现了瑞士探险队留下的食物，包括奶酪、培根、粥和果酱。那天晚上没有人吃英国军粮。他们已经在冰上待了将近一个月了。

希拉里的下一个目标是洛子坡（Lhotse Face），这是一个1125米长的冰墙，波迪伦新设计的氧气罐在这里进行了首次真正的测试。探险队爬到海拔6605米的地方，呼吸已经很困难了。攀登十分费力，空气稀薄，登山队员时时刻刻面临缺氧、高山病、脑水肿和肺水肿（脑或肺积液）的风险。怀斯·杜南特称之为“死亡地带”。

希拉里和丹增再次一马当先，开辟了通往南坳（South Col）的“道路”，这是洛子坡和珠穆朗玛峰之间的通道，为他们身后的登山者开辟出了更多的立足点，这后面的人当中有几位是背着30磅重背包的夏尔巴人。一名夏尔巴人觉得他不能再继续前进了，怀利替他拿了背包。怀利的氧气在快到山顶的时候耗尽了，他带着背包独自完成了最后的冲刺，在没有辅助的情况下冲上了南坳顶峰，他的壮举令人不可思议，这为登顶奠定了基础。登山队大部分队员结束艰难路程，返回了第七营地，但希拉里和丹增继续留在距离山顶460米的地方，建立了他们的最后一个营地。六周后，目标就在眼前，但要完成这一目标，还要超人的决心和毅力，再经过几天的奋斗，才能征服这未知的领域。从某种程度上来说，他们征服珠峰之旅才刚刚开始。

等所有人都到了山脊营地，布迪隆和埃文斯向南巅最后一段路程发起了第一次痛苦的冲刺，并确定了一条可能的路线，这为希拉里和丹增登顶奠定了基础。他们一开始每小时竟然可以完成300米的路程，但最后却因为氧气罐坏了而功亏一篑。埃文斯告诉布迪隆，他突然感到窒息，感

一不小心，他就会跌落到3000米下的冰川上。

觉自己快要死了。“我想你是快要死了。”布迪隆毫无感情地回答道。虽然埃文斯设法坚持了一段时间，但最终他们不得不在离山顶100米的地方返回。返回的旅程并不比上山容易多少，布迪隆脚下一滑，撞到了埃文斯身上，两人失去控制，开始向山下冲去。幸运的是，两人都死里逃生，这可不是一个回归营地的正规操作方式！希拉里后来承认自己感到内疚，因为他曾对他们的失败感到幸灾乐祸。他们失败了，希拉里仍然有机会成为征服珠峰的第一人。

5月27日上午，希拉里的机会来了，他们开始了48小时的攀登，这将会让希拉里在历史上获得一席之地。丹增也很清楚接下来这段时间的重要性，两人迎着呼啸的狂风，于上午8点45分与洛威、格雷戈里和夏尔巴人昂尼玛（Ang Nyima）一起开始攀登。他们在东南山脊上稳步

前进，下午2时30分，洛威、格雷戈里和昂尼玛筋疲力尽，选择了下山返回，只留下希拉里和丹增两个人在山顶。在野营过夜时，希拉里脱下了靴子，犯了一个很少见的错误。第二天早上，靴子冻得结结实实的，为了有鞋穿，他不得不在炉子上“烤”靴子。

在享受了一顿柠檬汁和沙丁鱼的盛宴之后，两人于早上6点30分出发，攀登最后400米的垂直距离。丹增有几次陷到齐腰深的雪里，两人被迫小心翼翼地清理一块块松散的岩石。雪崩的威胁一直存在，但到了上午9点，路程稍微容易了一点。然后，在8809米处，希拉里看到了一条通往山顶的路：这条路危险得让人难以置信，但也不是没有可能爬上去。珠峰东坡上的一个冰檐已经开始脱落，但看起来能够承受他的重量，可以蠕动着爬到顶峰。如果他一不小心，就会跌落到3000米下的冰川上，还好他没有出错。上午11点30分，希拉里踏上了珠穆朗玛峰山顶，随后不久，丹增也登上珠峰。山顶空间足够他们两人并肩站立。他们进行了一次不同寻常的情感表达，两人摘下氧气面罩拥抱在一起。他们在山顶插上了几面旗子，丹增拿出一些糖果和一支他女儿的铅笔，希拉里拿出一个十字架，他们把这些东西当作“供品”埋在了那里，然后拍了照。仅仅18分钟后，他们就开始了快速但可怕的下山路程。下午4点，他们回到了南坳营地。“伙计，”希拉里一到营地就对洛威说，“我们终于征服了这个混蛋。”

6月2日，伊丽莎白二世加冕典礼当天，胜利的消息传到英国。在这一重大事件之后，英国、印度和中国为整个团队颁发了大量的奖项和荣誉。

在随后的几年里，丹增成为大吉岭喜马拉雅山登山研究所野外训练的第一任主任，并成立了自己的徒步公司——丹增·诺盖探险公司。

与此同时，希拉里也在继续自己的探险，他于1959年徒步抵达南极，1985年乘飞机抵达北极。他成为历史上第一个登上珠穆朗玛峰和两极的人。他还致力于慈善事业，特别是通过喜马拉雅信托基金帮助夏尔巴人，在尼泊尔建立学校和医院。

他后来说：“登顶珠峰时，我朝山谷的另一边望去，看到了马卡卢峰（Makalu），就想到了一条爬上这座山峰的路线。这告诉我，尽管我站在世界之巅，但这并不是一切的终结——我仍然渴望接受其他有趣的挑战。”

尤里·加加林

太空第一人

加加林出身卑微，
但却成为第一个摆脱地球引力的地球人，创造了历史。

千百年后，当历史学家记录人类最伟大的成就时，尤里·阿列克谢耶维奇·加加林（Yuri Alekseyevich Gagarin）的名字仍将如雷贯耳。因为在1961年4月12日，他成为第一个进入太空的人类。他也是第一个绕着蓝色星球航行的人类，在大气层外停留了108分钟，然后颠簸着返回地球。在距离方面，这可能不是一个“巨大的飞跃”，最高高度仅为177英里，但它点燃了人类探索太空的热情，有一天，人类可能会到达月球、火星或者更远的地方。

加加林并非一直都想进入太空。他小时候正值“二战”，观看天空中战斗机的近距离缠斗让他对飞行产生了兴趣，驾驶飞机才是他的真爱。加加林21岁加入苏联空军，驾驶着短鼻子的“米格-15”战斗机，不久他就被招募到苏联的一支精英飞行员队伍中，接受训练成为宇航员，并争当太空第一人。

—决定性时刻—

当选宇航员

尼古拉·卡马宁（Nikolai Kamanin）将军是苏联太空计划宇航员的培训负责人，他通知在星城宇航员训练中心受训的入围宇航员，加加林被选为第一位进入太空的人。这是在所有候选人接受心理和侵入性医学测试以及体能训练之后得出的结果。

1961年4月10日

1957年10月4日，苏联发射了世界上第一颗人造卫星“斯普特尼克1号”（Sputnik 1），拉开了太空竞赛的序幕。美国迅速跟进，于1958年1月31日发射了“探索者1号”卫星，但苏联一直领先，这在很大程度上要归功于他们的天才火箭

尤里·阿列克谢耶维奇·加加林

1934—1968

人物简介

加加林是苏联空军战斗机飞行员，出生在克鲁希诺村（Klushino）。十几岁时，加加林亲眼看见一架战斗机在离家不远的地方紧急降落，他意识到自己希望成为一名飞行员。几年后，他加入了一个飞行俱乐部，并于1955年完成了第一次单飞。

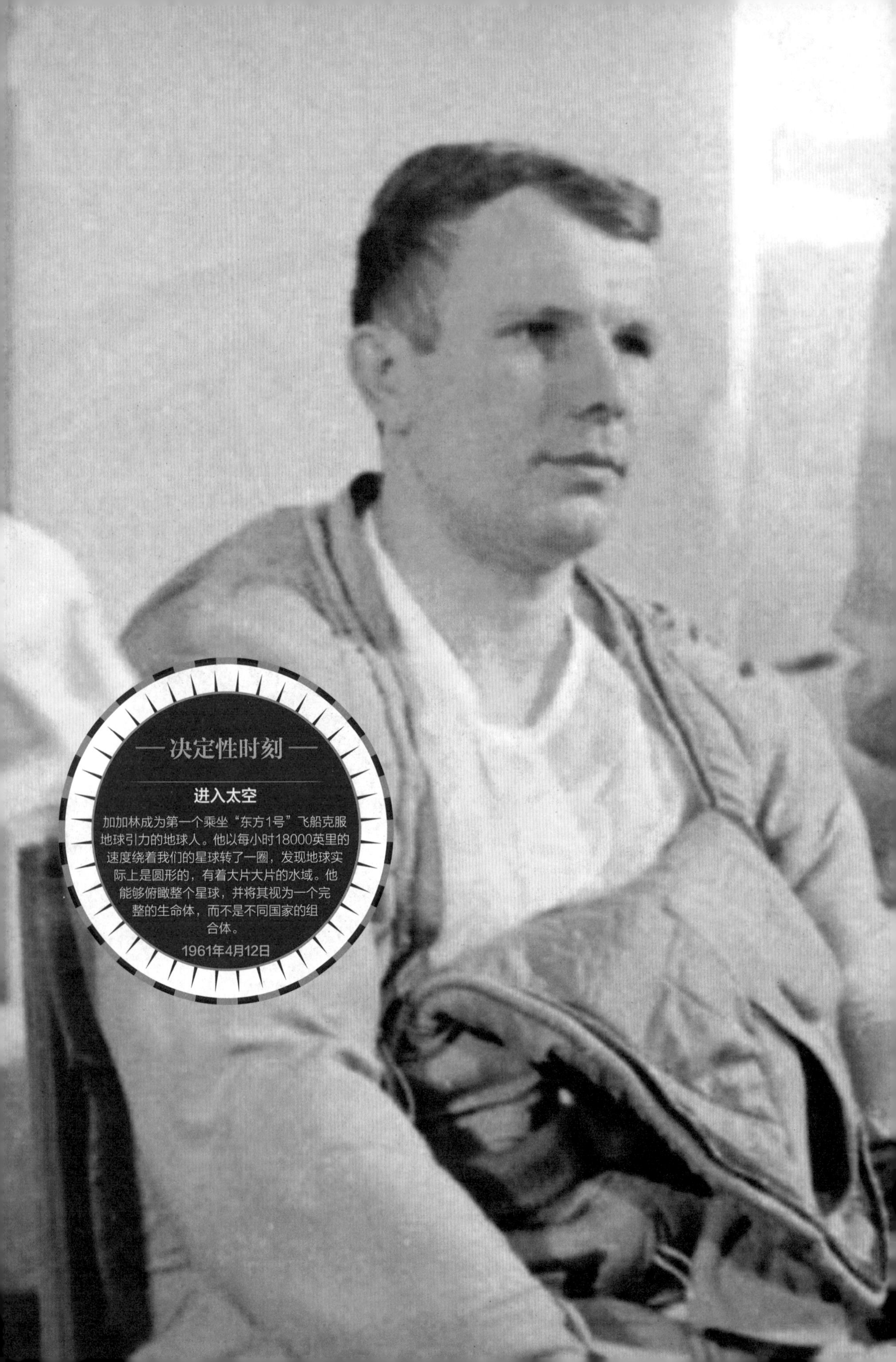
—决定性时刻—
进入太空
加加林成为第一个乘坐“东方1号”飞船克服地球引力的地球人。他以每小时18000英里的速度绕着我们的星球转了一圈，发现地球实际上是圆形的，有着大片大片的水域。他能够俯瞰整个星球，并将其视为一个完整的生命体，而不是不同国家的组合体。
1961年4月12日

工程师谢尔盖·科罗寥夫（Sergei Korolev）。“斯普特尼克2号”第一次将一只名叫莱卡的小狗送入太空，到1961年，苏联准备将人类送入太空。

这是很冒险的，所有的环节都有可能出错。但是苏联人知道，如果他们再不行动，美国人就会打败他们［事实上，就在加加林进入太空几周后，艾伦·谢泼德（Alan Shepherd）于1961年5月5日成为第二个进入太空的人］。

加加林当时是空军中尉，他所面临的宇航员训练是严酷的。要经过心理和侵入性医学测试，要经过艰苦的体能训练，还要经过对抗飞行重力的离心机练习，20名学员被淘汰到6名，然后继续淘汰，最后只剩下两名——加加林和盖曼·蒂托夫（Gherman Titov）。最终，加加林被选中执行这项任务，这得益于他不到一米六的身材，因为飞船“东方1号”空间相当狭窄。

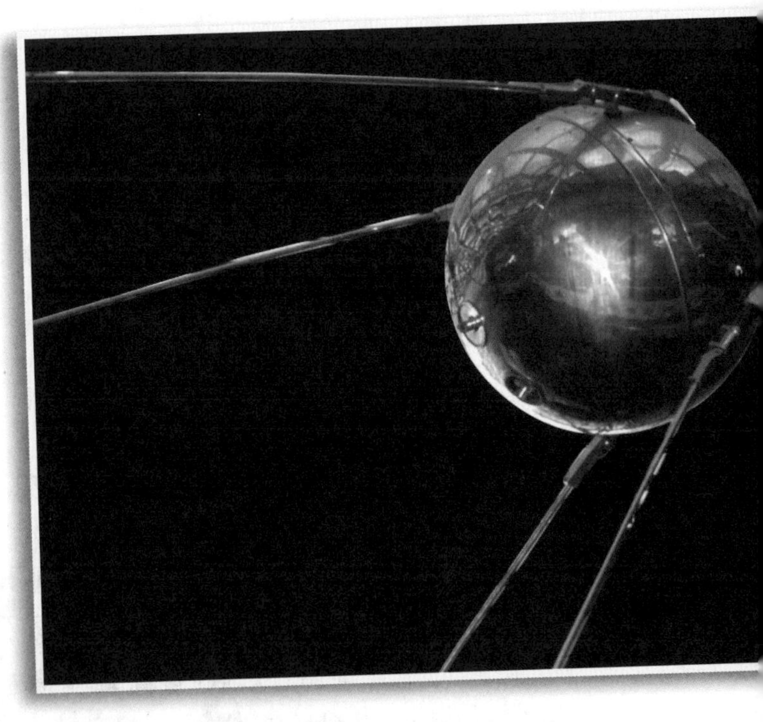

▲“斯普特尼克1号”人造卫星的意外成功引发了太空竞赛

加加林平时开朗而又聪明，总是带着胜利的微笑，但在发射的那天早上，他异常安静，在完成创造历史的任务之前显得忧心忡忡。他和蒂托夫（作为加加林的后援，蒂托夫也穿上了宇航服，准备好临时顶替加加林执行任务）骑马前往拜科努尔航天发射中心的发射场。在那里，他们面前矗立着一枚高耸的R-7“塞米约卡”火箭，火箭顶端就是“东方1号”宇宙飞船。

加加林被塞进了一个自动飞行的罐里，除了尽情享受这段旅程外，他什么也做不了。当火箭发动机启动，开始把强大的飞船从发射台上发射起来时，加加林开始了自己的“一个巨大的飞跃时刻”，他通过无线电高声吼着“波耶卡利”，这句俄语的意思是“我们出发吧”。这句话从那一刻起就成了苏联太空计划的非官方座右铭。

当“东方1号”宇宙飞船在地球上空巡游时，加加林俯瞰着地球上的大陆和海洋、白云和山脉、森林和沙漠。将我们的星球视为一个并非由各个国家组成的世界，而是由所有生命共享的地球，加加林是第一人。

飞船飞行了将近两个小时，是时候回家了，但有一个问题——“东方1号”宇宙飞船由两部分组成，一部分是机组人员部分，其中只有足够的空间容纳绑着加加林的狭窄座椅，另一部分是顶部的锥形设备。这两部分用缆绳拴在一起，当机组部分开始降落时，缆绳本应断裂，结果缆绳却依然结实地捆绑着飞船的两部分，当加加林的太空舱向地面迅速坠落时，设备部分不断地撞击他的太空舱，对飞船的下降造成了威胁，直到后来进入大气层时产生的热量将缆绳烧断，设备部分才和太空舱分开。

▲ 加加林的“东方1号”宇宙飞船升空前竖起在发射架上

苏联人一心要创造历史，希望创造最高海拔飞行和成功着陆的世界纪录。这就要求飞船着陆时飞行员还在里面，但“东方1号”宇宙飞船并不是这样设计的，它的太空舱将会坠毁，加加林不得不在7000米的高空弹射出太空舱，然后通过降落伞回到地面。他降落在斯梅洛夫卡村（Smelovka）附近，在那里他遇到了两个苏联农民，安娜·塔克塔罗娃（Anna Takhtarova）和她的孙女丽塔（Rita）。她们看着他，加加林亮橙色的飞行服和球状的头盔让她们感到困惑不解。“你是从外太空来的吗？”安娜问道。加加林答道：“我确实来自外太空。”

后来，加加林被派往世界各地旅行，访问了日本、巴西、加拿大，甚至到了伦敦和曼彻斯特。

1963年，他被提升为上校，并被任命为苏联宇航员训练副主任。他是失事的“联盟1号”飞船后备飞行员，在这次任务中，太空舱降落伞失灵，加加林的朋友、宇航员弗拉基米尔·科马罗夫（Vladimir Komarov）在事故中丧生。

加加林不能在太空飞行，他就一心希望至少能在空中飞行，并于1968年开始再次驾驶“米格-15”战斗机。1968年3月27日，加加林和他的副驾驶、教练弗拉基米尔·谢

—决定性时刻—

宇航员训练

加加林和试飞员弗拉基米尔·谢廖金驾驶的战斗机在俄罗斯基尔扎奇镇（Kirzach）附近坠毁，两名飞行员双双遇难。有人怀疑，加加林的飞机失控是由于一架未经授权的苏-15战斗机飞得太近，战斗机发出的音爆震碎了加加林的驾驶舱，导致机舱气压下降。

1968年3月27日

▲“东方1号”宇宙飞船的太空舱在科罗廖夫太空博物馆分部俄罗斯宇航博物馆展出

廖金（Vladimir Serugin）在恶劣的天气下起飞，当时能见度很低。飞机起飞不久便坠毁了，加加林和谢廖金双双遇难。官方报告显示加加林的飞机撞到了一只鸟或者一只气球，但最近的调查认为，飞机的一个通风口一直开着，导致机舱气压降低。空中交通管制也提供了错误的信息，而对飞机的调查显示，他的高度计停止了工作。加加林操纵飞机下降的时候意识不到自己到底离地面有多近。

同时，就在坠机附近的宇航员阿列克谢·列昂诺夫（Alexei Leonov）还有一种说法。他听到两声砰砰巨响，其中一声是坠机声，另一声是一架喷气式飞机的音爆声。据报道，空管部门在坠机前不久在雷达上看到了另一架不明飞机。列昂诺夫推测，第二架飞机是超声速喷气式飞机，由于天气糟糕，这架超声速喷气式飞机的飞行高度低于规定高度，正是这架飞机的音爆声震碎了加加林的驾驶舱，导致加加林对飞机失去控制。

因此，苏联乃至全世界都失去了一位英雄，加加林遭遇不测时年仅34岁。他只进行了一次短暂的太空之旅，但他留下了自己的印记，标志着人类进入了群星之中。

太空竞赛

20世纪中期，苏联和美国陷入争夺太空霸权的激烈竞争中，两国都希望成为第一个将人造卫星送入环地球轨道的国家。太空竞赛始于1955年夏天，当时美国宣布“他们打算在不久的将来”发射太空飞船，苏联做出了回应。两个超级大国之间的竞争发生在第二次世界大战结束后不久，当时的政治冲突和军事紧张局势给两国关系造成了裂痕。

苏联拒绝被超越，于1957年10月将“斯普特尼克1号”人造地球卫星送入环地球轨道，这是一个直径58厘米的无人飞行器，为后来的“斯普特尼克2号”人造卫星升空铺平了道路，这颗人造卫星搭载了第一只动物——一只名叫莱卡的流浪狗进入太空。苏联的成功引起了美国人的关注，促使美国提前启动他们的“先锋”卫星计划。电视转播的那一刻，数以百万计的美国公民坐在电视机前收看——但发射失败了。卫星发射后不久就发生了好几次爆炸，美国人受到了嘲笑。在“失败卫星”之后，美国尽快发射了“朱诺1号”火箭，1958年1月31日，美国成功地将其卫星送入太空。

苏联人把第一个人（加加林）送入太空，赢得了太空竞赛。如果没有这场竞赛，无人航天器飞向月球、金星和火星等天体的开创性努力可能永远不会发生。

尼尔·阿姆斯特朗

月球第一个人

在数亿人的注视下，尼尔·阿姆斯特朗迈出了自己的“一小步”，他因此被载入史册，成为第一个登上月球的人。

1969年7月20日，尼尔·阿姆斯特朗走出“鹰号”登月舱（Lunar Module Eagle），踏上月球表面，当时他随身带着一枚从地球带来的童子军徽章。小时候，他曾经是一个童子军，30年后仍然觉得自己与童子军有着紧密的联系。他们的座右铭是“做好准备”，培养队员们自力更生的能力和领导才能，这让阿姆斯特朗终身受益。如果没有他高超的技术和冷静的头脑来控制登月舱，他和巴兹·奥尔德林可能无法从月球活着回来。

巴兹·奥尔德林本来应该是第一个登上月球的人，但后来改成了阿姆斯特朗，因为阿姆斯特朗坐在离舱口最近的地方。

阿姆斯特朗一心想做的就是飞行。他于1930年8月5日出生于美国俄亥俄州，父亲在他两岁时带他观看了一次飞行比赛，四年后他才经历人生的第一次飞行。1949年，他以飞行员的身份加入美国海军，执行了朝鲜战争的飞行任务，之后离开军队进入大学并获得航空工程学位。1955年，他加入了国家航空咨询委员会（NACA），该组织于1958年改名为美国宇航局。作为试飞员，阿姆斯特朗驾驶着当时世界上速度最快的实验飞机。正是因为他在压力下表现出的冷静和镇定使他被选中，参加了宇航员训练，然后指挥首次载人登月任务。

他的第一次飞行事故发生在1956年，当时他驾驶着一架巨大的波音B29“空中堡垒”轰炸机，轰炸机腹部绑着一架道格拉斯D-558-2“空中火箭”超声速喷气式飞机。计划是波音B29“空中堡垒”轰炸机首先达到每小时210英里，然后“空中火箭”超声速喷气式飞机脱离B29飞走。然而，B29的一个螺旋桨发动机停止了工作，螺旋桨疯

▲ 尼尔·阿姆斯特朗在完成月球漫步后回到“鹰号”登月舱内，笑得合不拢嘴

尼尔·阿姆斯特朗

1930—2012

人物简介

1969年7月，作为“阿波罗11号”的任务指挥官，尼尔·阿姆斯特朗成为第一个登上月球的人。阿姆斯特朗是一名经验丰富的试飞员，拥有航空工程学位，曾在朝鲜战争中执行飞行任务。他还指挥了“双子星8号”任务，在这次任务中，他首次与另一架航天器完成交会对接。

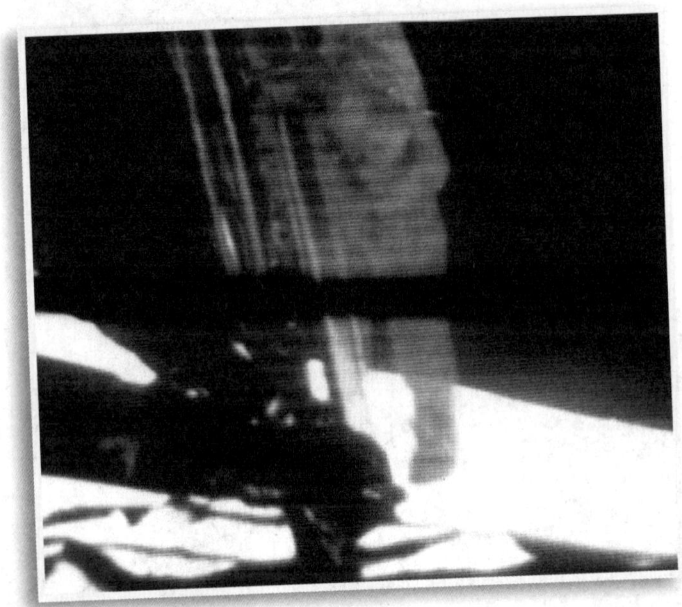

▲ 阿姆斯特朗即将迈出历史性的“一小步”

狂旋转，随时可能飞离机身。由于无法达到空投“空中火箭”飞机所需的飞行速度，阿姆斯特朗和他的副驾驶斯坦·布查特（Stan Butchart）驾驶他们的飞机快速下降，速度达到每小时210英里，最终，“空中火箭”超声速喷气式飞机得以脱离飞走。

“空中火箭”超声速喷气式飞机一飞走，停止工作的发动机就解体了，碎片击毁了另外两个发动机，阿姆斯特朗和布查特只好驾驶飞机摇摇晃晃地回到了基地，他们在只有一个发动机的情况下安全着陆。

阿姆斯特朗离开了爱德华兹空军基地（Edwards Air Force Base），他驾驶着“X-15”飞机玩得更开心、更刺激，X-15飞机是史上最著名的实验机之一。在一次飞行中，他发现自己在试图降落时被反弹了起来，结果他以三马赫的速度开出了着陆点。还有许多其他的事故——阿姆斯特朗驾驶的飞机很强大，偶尔也会发脾气，只有技术最娴熟的飞行员才能控制住它们。

阿姆斯特朗于1962年成为宇航员后，这样的情况仍然时有发生，他每次都能用冷静的头脑处理遇到的意外。1966年，在他的第一次太空任务中，他和大卫·斯科特乘坐“双子星8号”飞船进入太空。这次任务首次实现了两艘飞船在太空中进行对接。“双子星8号”飞船与“阿赫纳”无人飞船的对接是成功的，但在再次分离后，阿姆斯特朗和斯科特发现他们的“双子星8号”太空舱失控旋转。跟踪站覆盖范围有限，这意味着任务控制中心不断与“双子星8号”飞船失去联系，阿姆斯特朗别无选择，只能自己动手，打开返回控制系统，并使用其推进器火箭来对抗旋转。他们不得不终止余下的任务，返回家园，但这一事件教会了美国航天局许多关于太空对接的知识，并把航天器当作车辆进行对接。这些经历对阿波罗登月任务至关重要，因为在那里指挥舱需要与登月舱对接。

这个登月舱将把阿姆斯特朗和巴兹·奥尔德林带到月球表面，而迈克尔·柯林斯（Michael Collins）则留在上空的指挥舱中。登月舱与阿姆斯特朗以前驾驶过的任何其他飞行器都大不相同：它的腿上有一个盒子，下面绑着一个发动机。在接近月球表面时，登月舱将在引力作用下飞行，那里的引力只有地球的六分之一，而且没有大气层。为了更好地模拟飞行条件，阿姆斯特朗和其他宇航员在登月训练车中接受训练，他们将其称为“飞行

尼尔·阿姆斯特朗和巴兹·奥尔德林差点儿被困在月球上，因为“鹰号”登月舱的发动机点火开关坏了。

▲ 很多人相信这是阿姆斯特朗，但事实上这是巴兹·奥尔德林

的床架”，因为训练车的外观像床架。登月训练车的引擎克服地球引力将飞行器向上推，这样，飞行员就会感觉到他们在飞行器中受到的引力只有地球引力的六分之一。

1968年5月6日，阿姆斯特朗驾驶一架登月训练车，经历了可能是他飞行员生涯中最危险的时刻，当时训练车的控制装置在离地面30米的地方突然开始锁定。当训练车急剧倾斜时，阿姆斯特朗弹射了出来，训练车撞到地面爆炸了。如果阿姆斯特朗迟一秒弹射出去，就会丧命——他在压力下的快速思考和冷静再次让他化险为夷。

阿姆斯特朗拥有的这些品质，再加上他个性低调，使他成为“阿波罗11号”的任务指挥官，并让他而不是巴兹·奥尔德林成为第一个踏上月

月球漫步

月球的引力只有地球引力的六分之一，这意味着当尼尔·阿姆斯特朗在月球上行走时，实际上是在蹦蹦跳跳。月球表面没有空气，那里的温度白天可以达到100摄氏度，晚上可以达到零下173摄氏度。“阿波罗号”宇宙飞船的宇航员为了生存必须穿上A7L型宇航服，这基本上是一件整体式密封服，宇航员必须爬进宇航服。宇航服的外层能防止微小陨石和太阳辐射，宇航员背上还背着庞大的便携式生命支持系统（PLSS），该系统可以调节宇航服内的气压，为宇航员呼吸提供氧气，并监测宇航员的健康状况。然而，登月舱太小，生命支持系统又太大，以至于阿姆斯特朗和巴兹·奥尔德林很难挤出舱门开始他们著名的月球漫步。

阿姆斯特朗和奥尔德林在月球表面上行走了大约2.5小时，他们收集了岩石样本，与尼克松总统进行了交谈，还拍照留念，并留下一个纪念碑，纪念在事故中丧生的宇航员。

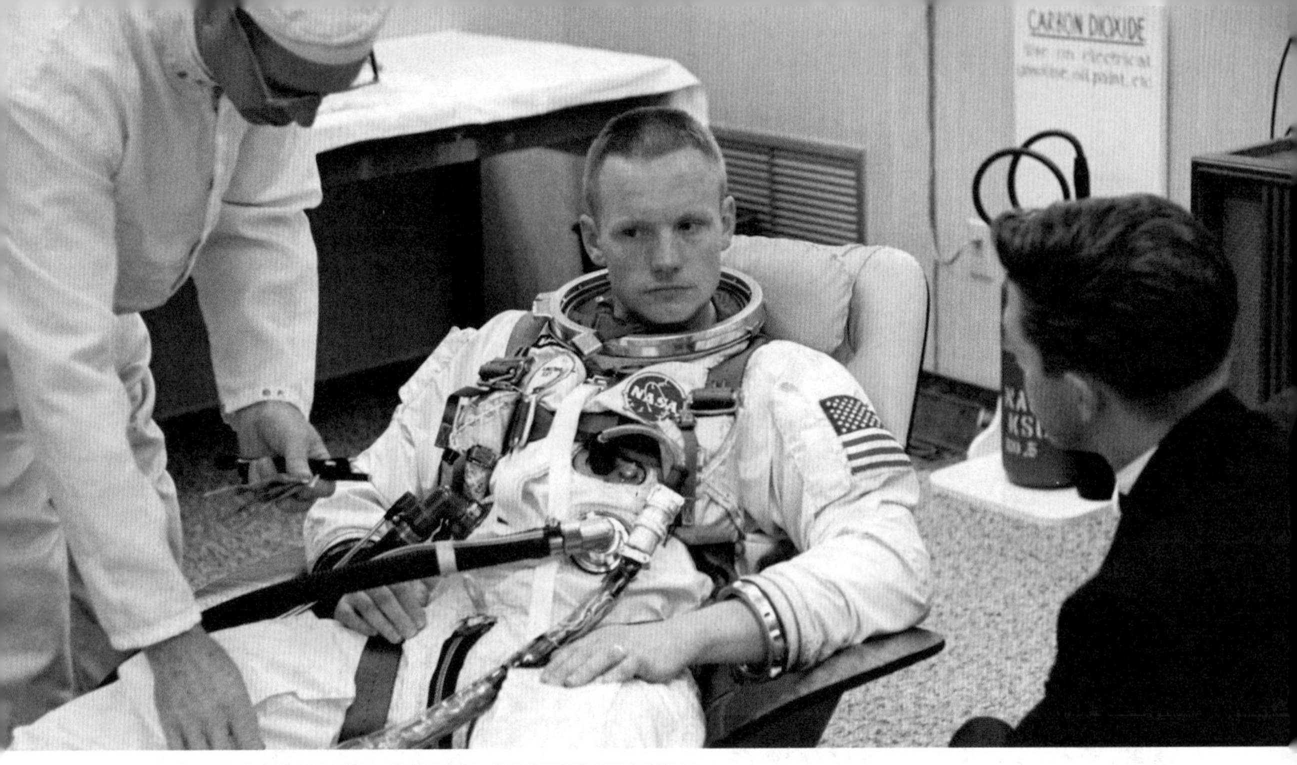

▲ 尼尔·阿姆斯特朗穿好宇航服，为他1965年“双子星8号”的飞行做准备

球的人。阿姆斯特朗对这次任务持乐观态度，但他认为他只有五成机会成功登陆月球表面。

1969年7月20日，阿姆斯特朗和奥尔德林亲眼看见了登月的风险有多大。当“鹰号”登月舱降落时，阿姆斯特朗注意到陨石坑正以极快的速度从窗口闪过——他们将超出安全着陆点，落在宁静之海（Sea of Tranquility）中的未知区域。在“鹰号”登陆舱的前面，巨大的石头隐约可见，如果登陆舱撞到任何一块巨石上，都会遭到损坏甚至被摧毁。阿姆斯特朗感觉可能会遇到麻烦，便手动控制了登陆舱。燃料开始消耗殆尽，周围弥漫着紧张的气氛，阿姆斯特朗的心跳每分钟高达160次，他以高度的专注引导登月舱越过巨石，安全着陆，登月舱只剩下45秒的燃料。阿姆斯特朗并没有感到惊慌失措，得克萨斯州的地面工程师和飞行控制人员也长舒了一口气。“休斯敦，这里是宁静基地，”阿姆斯特朗通过无线电说道，“老鹰已经着陆了。”

尼尔·阿姆斯特朗在“阿波罗13号”和“挑战者号”航天飞机事故调查小组任职。

两名宇航员急于踏上灰蒙蒙的月球表面，提前完成了他们的舱外活动——月球漫步。按照计划，阿姆斯特朗率先离开了“鹰号”登陆舱的舱

“阿波罗11号”时间表

1969年7月16日

强大的“土星五号”火箭于1969年7月16日发射升空。火箭分为三个阶段，在绕地球运行一周半后进入第三阶段，然后将“阿波罗11号”推向月球。

1969年7月16日

指挥舱和登月舱堆叠在“土星五号”的鼻锥罩中，这意味着离开地球后，指挥舱和服务舱必须分离、旋转，与登月舱对接，然后才能继续执行登月任务。

1969年7月19日

在登上月球之前，“阿波罗11号”必须绕着月球的远端飞行，在那里，宇航员将处于视线之外，与地球失去联系。在绕月途中，服务舱引擎点火，将“阿波罗11号”送入轨道。

1969年7月20日

随着登陆时间的到来，阿姆斯特朗和奥尔德林爬进“鹰号”登月舱，留下迈克尔·柯林斯独自在“哥伦比亚号”里绕月球飞行。格林尼治标准时间20:17，“鹰号”登月舱从“哥伦比亚号”分离，开始向月球表面下降。

1969年7月20日

尼尔·阿姆斯特朗手动控制“鹰号”登陆舱飞过布满巨石的区域，在只剩下45秒燃料的情况下，引导登月舱安全着陆。

格林尼治时间20:17

门。他爬下梯子，停下来查看老鹰的腿插入月球尘埃的深度，然后轻轻地踏上了月球表面，说出了那句被世人永远铭记的话。

“这是一个人的一小步，却是人类的一大步。”直到今天，人们还在争论他说的是不是“一个人”。阿姆斯特朗相信他确实说过，但在电视转播过程中，电波干扰了它。

现在，除了模糊的电视镜头，只有五六张尼尔·阿姆斯特朗在月球上拍摄的照片，因为在几次月球漫步过程中，都是阿姆斯特朗拿着哈塞尔布拉德相机给巴兹·奥尔德林拍照。有意思的是，阿姆斯特朗最著名的照片里实际上是巴兹·奥尔德林，照片中，奥尔德林的头盔遮阳板反射光，可以看到阿姆斯特朗手持相机的身影。

月球上没有空气，几乎没有侵蚀，所以他的脚印将会保留数亿年。

这次创造历史的飞行以跳伞返回地球结束，阿姆斯特朗、奥尔德林和指挥舱飞行员迈克尔·柯林斯被隔离18天。他们出来后，开始了为期45天的世界巡演，享受人们的赞美。然而，对阿姆斯特朗来说，这标志着他飞行生涯的结束——“双子星8号”和“阿波罗11号”是他一生的两次太空任务。他当了一段时间的美国宇航局航空副局长，然后到辛辛那提大学教了八年的航空工程学。在学术界一段时间后，阿姆斯特朗开始经商，但偶尔仍担任美国宇航局和其他航天航空公司的发言人。

2012年8月25日，阿姆斯特朗因心脏手术并发症去世，享年82岁。尼尔·阿姆斯特朗已经不在人世，但人们对他的记忆及他留下的遗产将与人类文明长存。

▲“阿波罗11号”升空，由肯尼迪航天中心发射塔摄像机拍摄

1969年7月20日

格林尼治时间02:51，尼尔·阿姆斯特朗打开登月舱的舱门，爬了出来。他走下梯子，打开电视摄像机，停下来研究登月舱的腿陷进灰尘的深度，然后他穿着靴子的左脚踏进了月球上的泥土里。

格林尼治时间02:56

1969年7月21日

17点54分，在月球表面上待了不到一天，是时候离开了。登月舱的升空台点燃了引擎，引擎的冲击波击中了美国星条旗，阿姆斯特朗和奥尔德林快速飞回地球家园。

1969年7月21日

登月舱在上升阶段还要与在轨的“哥伦比亚号”对接，之后宇航员及月球样本被送回指挥舱，上升阶段结束。他们要回家了。

1969年7月24日

“哥伦比亚号”返回地球，开始进入地球的大气层，机组人员跳伞降落到太平洋上。随后他们被一架海军直升机救起，并被送到了“大黄蜂号”航空母舰上，尼克松总统正在那里等着迎接勇敢的宇航员。

1969年8月10日

他们被检疫隔离三个星期，以确保他们没有从月球带来任何有害的虫子（那个时候，人们还不知道月球上不存在生命），之后，“阿波罗11号”的宇航员被允许巡游世界，所到之处，均受到了英雄般的欢迎。

图片所属

45	© Alamy, Corbis, Getty Images, Osprey, Joe Cummings
55	© Alamy, Joe Cummings, Sol 90 Images
61	© Corbis
73	© Sayo studio
118	© Ian Jackson/The Art Agency
119	© Jean-Michel Girard /The Art Agency
125	© Getty Images, Rex Features
137	© Alamy; Look & Learn; Joe Cummings; Abigail Daker
165	© Getty Images, FreeVectorMaps.com
171	© Alamy
179	© Alamy, Getty Images, Library of Congress, Geography and Map Division
187	© Abi Daker; Thinkstock; Corbis; Getty
217	© Getty; Thinkstock; Alamy; Corbis
227	© Alamy; Getty Images; Rex Features